国家出版基金项目
NATIONAL PUBLICATION FOUNDATION

河（湖）长能力提升系列丛书

"YI HE (HU) YI CE" BIANZHI YU ANLI

"一河（湖）一策"编制与案例

主 编 严爱兰
副主编 张喆瑜 阮跟军

HE (HU) ZHANG

NENGLI TISHENG XILIE CONGSHU

U0262208

中国水利水电出版社
www.waterpub.com.cn
·北京·

内 容 提 要

本书为《河（湖）长能力提升系列丛书》之一，依据水利部办公厅印发的《"一河（湖）一策"方案编制指南（试行)》、浙江省"五水共治"工作领导小组办公室、浙江省河长制办公室组织制定的《浙江省全面深化河长制工作方案（2017—2020年)》《浙江省"一河（湖）一策"编制指南》等相关文件要求，系统介绍了"一河（湖）一策"方案的编制方法并结合案例进行分析。本书对照河长制工作的六大任务及河湖管理保护存在的突出问题，从水资源保护、河湖水域岸线管理保护、水污染防治、水环境治理、水生态修复、执法监管等方面出发，指导各级河（湖）长编制"一河（湖）一策"方案。书中结合各地实际情况，将有关任务细化实化，在列出重点工作项目的同时，根据其难易程度、财力安排、政策保障等因素，因地制宜，设定可量化、可评估的目标任务；因河（湖）施策，提出针对性强、易于操作的阶段性对策措施，切实解决影响河湖生态健康的突出问题。

本书既可作为河（湖）长的培训教材，也可作为相关专业高等院校师生用书。

图书在版编目（ＣＩＰ）数据

"一河（湖）一策"编制与案例 / 严爱兰主编. --
北京：中国水利水电出版社，2019.10
（河（湖）长能力提升系列丛书）
ISBN 978-7-5170-6386-5

Ⅰ. ①一… Ⅱ. ①严… Ⅲ. ①河道整治-研究-中国
Ⅳ. ①TV882

中国版本图书馆CIP数据核字(2019)第277605号

书　　名	河（湖）长能力提升系列丛书 **"一河（湖）一策"编制与案例** "YI HE（HU）YI CE" BIANZHI YU ANLI
作　　者	主编　严爱兰　副主编　张喆瑜　阮跟军
出版发行	中国水利水电出版社 （北京市海淀区玉渊潭南路1号D座　100038） 网址：www.waterpub.com.cn E-mail：sales@waterpub.com.cn 电话：(010) 68367658（营销中心）
经　　售	北京科水图书销售中心（零售） 电话：(010) 88383994、63202643、68545874 全国各地新华书店和相关出版物销售网点
排　　版	中国水利水电出版社微机排版中心
印　　刷	北京印匠彩色印刷有限公司
规　　格	184mm×260mm　16开本　14.5印张　276千字
版　　次	2019年10月第1版　2019年10月第1次印刷
印　　数	0001—6000册
定　　价	**58.00元**

《河（湖）长能力提升系列丛书》
编 委 会

本书编委会

主　　编　严爱兰

副 主 编　张喆瑜　阮跟军

参编人员（按姓氏笔画排序）

戚毅婷　郭宪艳　陈晓旸　孙国政

冯迪江　李　聪

丛书前言
FOREWORD

党的十八大首次提出了建设富强民主文明和谐美丽的社会主义现代化强国的目标，并将"绿水青山就是金山银山"写入党章。中共中央办公厅、国务院办公厅相继印发了《关于全面推行河长制的意见》《关于在湖泊实施湖长制的指导意见》的通知，对推进生态文明建设做出了全面战略部署，把生态文明建设纳入"五位一体"的总布局，明确了生态文明建设的目标。对此，全国各地迅速响应，广泛开展河（湖）长制相关工作。随着河（湖）长制的全面建立，河（湖）长的能力和素质就成为制约"河（湖）长治"能否长期有效的决定性因素，《河（湖）长能力提升系列丛书》的编写与出版正是在这样的环境和背景下开展的。

本丛书紧紧围绕河（湖）长六大任务，以技术简明、操作性强、语言简练、通俗易懂为原则，通过基本知识加案例的编写方式，较为系统地阐述了河（湖）长制的构架、河（湖）长职责、水生态、水污染、水环境等方面的基本知识和治理措施，介绍了河（湖）长巡河技术和方法，诠释了水文化等，可有效促进全国河（湖）长能力与素质的提升。

浙江省在"河长制"的探索和实践中积累了丰富的经验，是全国河长制建设的排头兵和领头羊，本丛书的编写团队主要由浙江省水利厅、浙江水利水电学院、浙江河长学院及基层河湖管理等单位的专家组成，团队中既有从事河（湖）长制管理的行政人员、经验丰富的河（湖）长，又有从事河（湖）长培训的专家学者、理论造诣深厚的高校教师，还有为河（湖）长提供服务的企业人员，有力地保障了这套丛书的编撰质量。

本丛书涵盖知识面广，语言深入浅出，着重介绍河（湖）长工作相关的基础知识，并辅以大量的案例，很接地气，适合我国各级河（湖）长尤其是县级及以下河（湖）长培训与自学，也可作为相关专业高等院校师生用书。

在《河（湖）长能力提升系列丛书》即将出版之际，谨向所有关心、支持和参与丛书编写与出版工作的领导、专家表示诚挚的感谢，对国家出版基金规划管理办公室给予的大力支持表示感谢，并诚恳地欢迎广大读者对书中存在的疏漏和错误给予批评指正。

華平元

2019 年 8 月

本书前言
FOREWORD

根据"绿水青山就是金山银山"的发展理念要求，浙江省率先深入实施"五水共治"，全面推行河长制，切实加快"清三河"步伐等措施，在水资源保护、水污染防治、水环境治理、水生态修复、河湖水域岸线管理保护等方面取得了明显成效。"河长制"作为综合治水的制度创新和关键之举，在浙江省已有10余年的实践和探索。面对新形势、新任务的要求，浙江省为进一步完善河长制工作方案，明确河长制工作进度安排，着力构建责任明确、协调有序、监管严格、保护有力的河湖管理保护机制，在"摸清家底"，建立"一河（湖）一档"的基础上，因地制宜，制定一河（湖）一策，充分落实"任务项目化、项目具体化"目标，科学精准地推进从"河长制"到"河长治"的长效保持措施；在"一河（湖）一策"方案编制及实施过程中，逐渐形成了清晰、系统的工作流程及方法。

本书结合浙江省"一河（湖）一策"方案编制、实施及河湖治理等方面的成功经验和相关研究成果，从三个方面对"一河（湖）一策"方案编制方法与关键技术进行介绍：

（1）"摸清家底"，建立"一河（湖）一策"。在方案编制时，对河流（道）概况、流域范围内各类污染源、两岸排污口、河道水质、各类环保基础设施等进行全面细致排查，整理形成完整的台账资料。

（2）因地制宜，制定"一河（湖）一策"。在前期全面调查分析的基础上，充分考虑当地水文特点、水质现状、水环境功能区达标要求，科学合理地确定河流（道）水环境治理阶段性目标，水质目标应细化到每个指标和浓度，因地制宜选择合理的技术和方法，有针对性地拟定水环境综合治理措施。

（3）任务项目化、项目具体化，推进有效施策。按照治理任务项目化、项目具体化的要求，分门别类细化量化项目，逐个明确项目类别、项目内容、完成时限、进度安排、投资来源、责任单位等，确保落到实处。

"一河（湖）一策"方案的编制和实施工作是落实全面推行河长制、加强河湖治理与保护工作不可或缺的重要环节。本书的编写，将有效指导各级河（湖）长开展"一河（湖）一策"方案的编制工作；有利于明确河湖治理与保护工作的主要目标和任务；有利于制订水资源保护、水域岸线保护、水污染防治、水环境综合治理、水生态修复、执法监督以及长效管护和综合功能提升等多方面的具体措施。

全书共分6章，第1章概述，主要介绍"一河（湖）一策"出台背景及方案编制要求，由严爱兰、李聪编写；第2章"一河（湖）一策"方案编制，由严爱兰、戚毅婷编写；第3章平原型河道"一河（湖）一策"方案编制案例分析，由张喆瑜、阮跟军编写；第4章山区型河道"一河（湖）一策"方案编制案例分析，由严爱兰、陈晓旸编写；第5章湖泊"一河（湖）一策"方案编制案例分析，由严爱兰、郭宪艳编写；第6章水库"一河（湖）一策"方案编制案例分析，由张喆瑜、孙国政、冯迪江编写；第7章平原河网小河道、小微水体"一片一策"方案编制案例分析，由严爱兰编写。全书由严爱兰统稿。

本书在撰写过程中，得到了水利部、浙江省水利厅、浙江省水利河口研究院、浙江省水利水电勘测设计院、嘉兴市水利水电勘察设计研究院、金华市水利水电勘测设计院有限公司以及浙江省各地"五水共治"领导小组办公室等有关单位和部门的大力支持！感谢为本书提出宝贵意见的各位专家、学者！

由于作者水平和时间有限，书中难免存在不足乃至谬误之处，敬请批评指正！

编者

2019 年 10 月

目录
CONTENTS

第1章

概　述

1.1　"一河（湖）一策"出台背景

近年来，在水资源开发与利用过程中，由于治理不够科学，部分河流系统出现了水质污染、生态环境恶化、河道萎缩等一系列功能衰退问题。由此导致河道生态环境不断恶化，河道自身淤积严重而引发断流；部分河床由于种植庄稼、侵占圈建等情况存在，导致河流行洪排涝能力普遍降低。个别地区部分河段的污染物排放量远远超过了受纳水体的纳污能力，水污染状况严重，河道生态环境遭受严重破坏。

党中央、国务院高度重视水安全和河湖管理保护工作，习近平总书记多次对生态文明建设作出重要指示，反复强调"绿水青山就是金山银山""要牢固树立保护生态环境就是保护生产力，改善生态环境就是发展生产力"的绿色发展观念。

近年来，为全面贯彻落实党中央国务院的决策部署，全国各地在生态文明建设、河湖管理保护以及河道治理等方面都加大了工作力度。通过加强防汛排涝基础工程的建设，优美水环境的重点打造等诸多措施，河湖水系综合整治效果显著。

1.1.1　实行河长制

河长制，即由各级党政主要负责人担任河长，负责组织领导相应河湖的管理和保护工作。

2003 年，浙江省长兴县为创建国家卫生城市，在卫生责任片区、道路、街道推出了片长、路长、里弄长，责任包干制的管理让城区面貌焕然一新。10月，县委办下发文件，在全国率先对城区河流试行河长制，由时任水利局、环卫处负责人担任河长，对水系开展清淤、保洁等整治行动。

2007 年夏季，由于太湖水质恶化，加上不利的气象条件，太湖大面积蓝藻暴发，引发了江苏省无锡市的水危机。2007 年 8 月，无锡市在中国率先实行河长制，由各级党政负责人分别担任 64 条河道的河长，加强污染物源头治理，负责督办河道水质改善工作。河长制实施后效果明显，无锡境内水功能区水质达标率从 2007 年的 7.1％提高到 2015 年的 44.4％，太湖水质也显著改善。

2016 年 12 月，中共中央办公厅、国务院办公厅印发了《关于全面推行河长制的意见》（厅字〔2016〕42 号），并发出通知，要求各地区各部门结合实际认真贯彻落实。

2017 年元旦，习近平总书记在新年贺词中发出"每条河流要有'河长'了"的号令。

2017 年 8 月，为全面深化河长制工作，浙江省委办公厅、省政府办公厅印发了《关于全面深化落实河长制进一步加强治水工作的若干意见》（浙委办发〔2017〕12 号）文件，并制定了《浙江省全面深化河长制工作方案（2017—2020年）》。

以浙江省为例，已经形成强大的省、市、县、乡、村五级联动的河长制体系：6 名省级河长、199 名市级河长、2688 名县级河长、16417 名乡镇级河长和42120 名村级河长。同时，还配备了河道警长、民间河长，实现江河湖泊河长全覆盖，并延伸到沟、渠、溪、塘等小微水体。

1.1.2 实行"一河（湖）一策"

河长制的全面推进和具体实施需要以一系列基础技术工作为依托展开。针对各地河湖基本情况开展系统、全面的调查，结合各地河湖特点和现状，采取有针对性的管理保护方案和具体措施而编制的"一河（湖）一策"方案是现阶段河长制深入推进最为紧迫的重要基础技术工作之一。通过编制"一河（湖）一策"方案，可以解决河流水系及层级结构不够清晰，河湖（河段）基本情况、功能定位、重点问题等掌握不够清楚，河湖数字化、动态化、现代化管理基础薄弱，河湖治理保护管理责任人和责任要求不够明晰，河长制工作具体实施、落实技术依据不够充分，河湖（河段）治理保护管理具体目标和标准要求不够明确以及河湖（河段）治理保护管理具体措施如何落实到位等实际问题，为全面推行河（湖）长制提供全方位的信息支撑、技术基础及依据。

为更好地指导各地做好"一河（湖）一策"方案编制工作，2017年9月水利部印发《"一河（湖）一策"方案编制指南（试行）》（简称"编制指南"）。之后，各地相继出台相关指南，如2017年11月，浙江省发布《"一河（湖）一策"编制指南》（浙治水办发〔2017〕26号），以规范和指导相关技术工作的开展。

1.2 "一河（湖）一策"方案编制基本要求

1.2.1 总体要求

（1）"一河（湖）一策"编制，应贯彻中共中央办公厅、国务院办公厅《关于全面推行河长制的意见》和中华人民共和国水利部、环境保护部《贯彻落实〈关于全面推行河长制的意见〉实施方案》，以及各地机关的编制指导意见，如浙江省政府《关于全面深化落实河长制进一步加强治水工作的若干意见》和《浙江省全面深化河长制工作方案》等文件精神，落实省、市、县各级全面推行河长制实施方案的要求。

（2）"一河（湖）一策"编制，应突出多部门协作联动，加强协同治理和保护。统筹协调所在河流的上下游、左右岸、干支流、水上与岸边、保护与发展的关系，坚持问题导向和源头控制，按照因地制宜、因河施策、突出重点、切实可行的原则，分析河湖管理保护存在的问题，提出目标，明确任务与措施。

（3）"一河（湖）一策"编制，应加强河湖现状调查研究和问题分析，重视基本情况、基础资料的搜集、整理、分析，充分利用已有规划和有关研究成果，与相关规划相协调，强化规划约束，广泛听取各方意见和要求，提倡公众参与。

（4）"一河（湖）一策"编制，应统筹兼顾管理保护目标，统筹点、面治理，统筹人工治理与自然修复，统筹河湖防洪除涝、供水、航运和景观等功能要求。

（5）"一河（湖）一策"编制，其工程与非工程措施应符合国家、行业及地区现行有关政策、标准、规程、规范的规定，并积极鼓励有条件的地方不断创新、提高。

（6）"一河（湖）一策"编制，应纳入河长制的考核，重点考核是否编制"一河（湖）一策"及其成果质量（包括主要内容是否全面、问题是否准确、目标是否清晰、任务措施是否可行、责任是否明确等）。

（7）"一河（湖）一策"编制，应根据各地实际做好编制工作的组织、技术和经费保障等。要明确"一河（湖）一策"编制的责任部门，协调落实"一河（湖）一策"任务分工；明确"一河（湖）一策"编制技术支撑单位，加强对"一河（湖）一策"编制的技术培训；统筹安排编制经费，保障编制工作顺利开展。

（8）"一河（湖）一策"审查，可根据实际由地方政府或委托相关部门、专业机构开展；"一河（湖）一策"综合治理项目按有关基本建设等程序、规定报批后实施。

1.2.2　编制要点

"一河（湖）一策"方案是针对具体河流、湖泊而言的，与以往的流域规划、区域水利规划、江河治理方案、水利工程建设方案等相比有明显不同的特点。"一河（湖）一策"方案编制的着眼点是解决河流湖泊的重点个性问题，关注的是今后2～3年能够实现的目标，目的是为在一个较短时期内解决河流/湖泊/河段的突出问题提供可行的操作方案，为近期河长制湖长制考核提供依据，需要突出强调针对性和可操作性，需要满足可量化、可监测、可评估、可考核的要求。

"一河（湖）一策"的编制内容主要包括现状调查与存在问题分析、治理保护目标、治理保护任务与措施、实施安排与效果评价、保障措施等，同时建立"一河一档"。治理保护任务与措施主要包括水资源保护、河湖水域岸线管理保护、水污染防治、水环境治理、水生态修复、执法监管等方面。各地应结合实际，在全面落实河长制任务要求的前提下，因河施策，有所侧重，突出水资源保护与管理、上游源水区和水源地保护、河湖生态空间保护、黑臭河道综合整治、河湖水系连通和清淤疏浚、依法管水治水、规划指导约束、河湖管护体制机制创新等方面的工作任务。

（1）建立"一河（湖）一档"。"一河（湖）一档"内容主要包括"一河（湖）一策"现状档案、"一河（湖）一策"方案和动态实施跟踪等。其中，"一河（湖）一策"现状档案包括基本信息、现状情况和主要存在问题等；"一河（湖）一策"方案和动态实施跟踪可根据"一河（湖）一策"方案制定和实施情况，逐步完善。

（2）明确治理保护目标。坚持远近结合，突出近期。在分析总结河湖管理保护现状和存在问题的基础上，分清轻重缓急，合理确定"一河（湖）一策"总体目标和分阶段治理保护目标。治理保护目标应满足国家、地区有关控制指标要求，与流域开发、利用、治理、保护与管理的总体目标相协调，并以近期为重点。

（3）注重分类施策。坚持问题导向、因河施策。统筹考虑河湖的防洪、排涝、供水、生态、航运、景观、休闲、旅游等多种功能，针对山丘区河道、平原河网、农村河湖、城区河湖、黑臭河道和劣Ⅴ类水体等分类提出治理保护方案。河湖治理应从单纯的河湖疏浚清淤、控源截污向绿色治理方向转变，利用生态修复技术，改善河湖水体质量，美化城乡水域环境，建成"河畅、水清、岸绿、景美"的生态河湖。

（4）推进长效管护。坚持治管并重，突出长效。落实管护机构、人员、经费，加强河湖巡查、维护，强化河湖日常监督监测，充分利用信息化手段提高河湖监管效率；加强水污染物从产生、处理到排放等各环节的执法监管，从源头控制水体污染，坚决遏制违法排污和侵占河湖现象；建立健全经常化、制度化、标准化的河湖长效管护机制。

（5）确保责任落实。坚持责任明晰、措施落地。按照党政领导、部门联动的要求，明确属地责任，落实部门分工，明晰措施执行的责任人与责任单位，做到可监测、可监督、可考核，确保各项措施落实。

1.2.3 编制对象

为保证"一河（湖）一策"方案的整体性和完整性，原则上以河流为单元进行编制。根据各地河湖的自然特征和行政分区情况，平原河道、山丘区河道宜编制"一河一策"，湖泊、水库宜编制"一湖一策"，平原河网小河道、小微水体可编制"一片一策"（采用分片打捆、实施网格化治理与管理）。

第2章

"一河（湖）一策"方案编制

2.1 编制工作原则

按照分级管理原则，由各级河长牵头，组织联系部门和相关部门编制"一河（湖）一策"方案，同级河长制办公室应协助河长加强对编制工作的指导与监督。上级河长、河长制办公室应重点指导、协调跨行政区河湖及下一级支流的重要河湖"一河（湖）一策"编制工作。

各地可结合自身实际，在统筹干流与支流、湖泊与出入湖河道等关系的基础上，采取自上而下、自下而上、上下联动等多种方式开展"一河（湖）一策"编制工作。鼓励跨行政区域河湖由上级河长统一组织各级河长统筹编制"一河（湖）一策"。

对上级河长已组织"一河（湖）一策"编制的河湖，下级河长可在此基础上，根据实际需求，进一步细化本级"一河（湖）一策"。

对下级河长已组织"一河（湖）一策"编制的河湖，上级河长可在此基础上，统筹协调跨行政区河段或湖段，突出重点治理任务，形成本级"一河（湖）一策"。

2.2 编制基本思路

"一河（湖）一策"方案内容涵盖河湖现状基本情况以及存在的问题、治理管理保护目标任务与指标要求、河湖（河段）及其支流具体目标落实、治理管

理保护对策措施与计划安排等，其核心可以概括为"5＋2"，即五张清单（问题清单、目标清单、任务清单、措施清单和责任清单）和两张表（目标分解表和计划安排表）等。"五张清单""两张表"是方案成果内容的集中体现，也是对河湖管理保护目标要求进行实化量化的关键。

"一河（湖）一策"方案编制的基本思路为：通过情况摸查、问题诊断与分析，系统梳理河湖存在的突出问题和原因，即形成问题清单；以问题为导向，针对河湖以相关规划和方案为依据和基础，确定河湖管理保护目标，即形成目标清单；根据河湖管理保护目标要求和差距，明确河湖治理保护的主要任务，即形成任务清单；根据已确定的各项任务，提出具有针对性、可操作性的治理与保护措施，即形成措施清单；明确各级河长责任、各项措施的牵头部门和配合部门，落实相关责任人与责任单位，即形成责任清单。按照河长制湖长制分级管理的需要，将河湖管理保护的总体目标、主要任务与控制性指标，分解到本河湖各分段（分片）以及支流入干流河口断面，即形成目标任务分解表；根据问题的紧迫性和预期成效，确定措施安排优先顺序，即形成实施计划安排表。

2.3　编制技术路线

根据中华人民共和国水利部《"一河（湖）一策"方案编制指南（试行）》及各地方《"一河（湖）一策"编制指南》，针对具体河（湖）形成相关治理策略的编制思路、工作流程和技术路线（图 2-1）。

2.4　编制内容分析

根据中华人民共和国水利部制定的《"一河（湖）一策"方案编制指南（试行）》及浙江省"五水共治"工作领导小组办公室（以下简称"五水共治"办）、浙江省河长制办公室制定的《浙江省"一河（湖）一策"方案编制指南（试行）》（详见附录 A）等相关文件意见要求，编制对象主要适用于县级及以上级别的领导所担任河长的河道（或湖泊），县级以下河道（或湖泊、小微水体）可参照执行。"一河（湖）一策"方案编制内容主要包括现状调查、问题分析、治理目标、工作任务、保障措施和成果形成六部分，也可根据河道的具体情况进行调整。

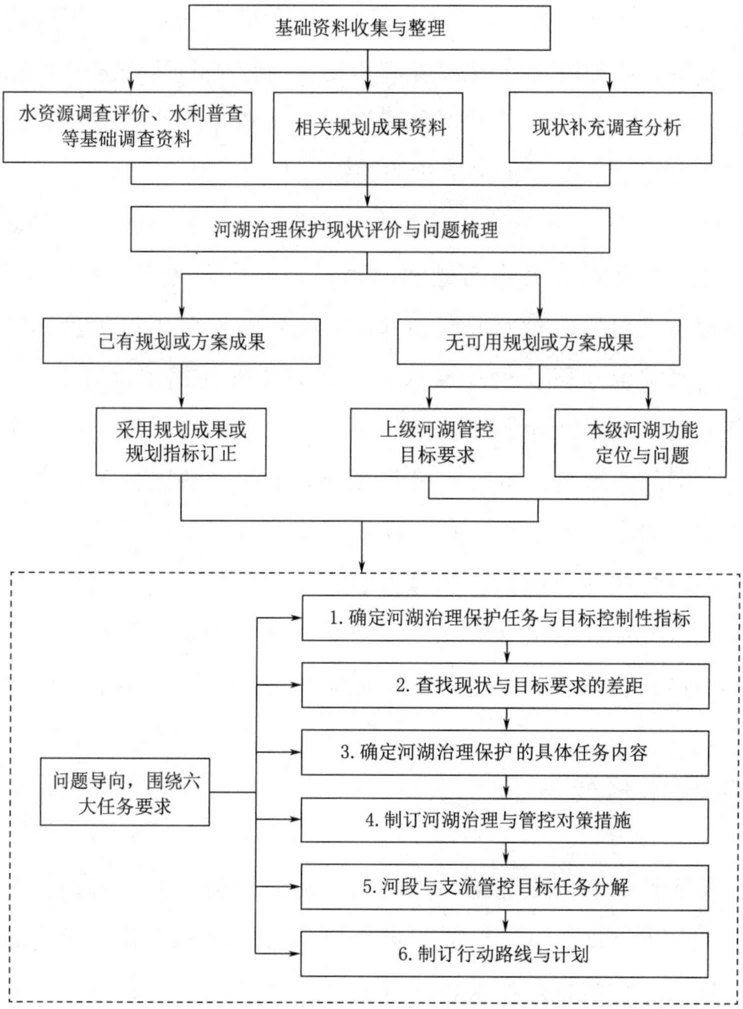

图2-1 "一河（湖）一策"方案编制技术路线

2.4.1 现状调查

2.4.1.1 河道现状调查

全面调查河道的自然属性和社会属性，包括河道地理位置、集雨面积、所属流域、河道起止点、河道长度、流经区域以及经济社会发展状况等。

2.4.1.2 污染源调查

污染源调查包括工业污染、生活污染、农业农村面源污染、河湖内源污染、船舶港口污染等。

2.4.1.3　涉河（沿河）构筑物调查

涉河（沿河）构筑物调查包括排污（水）口、取水口、水质监测站、水文站、河道堤防、水闸、泵站、堰坝等。

2.4.1.4　水环境质量调查

水环境质量调查包括监测断面水质类别、水环境功能区水质类别及水环境功能区达标率等。

2.4.2　问题分析

根据现状调查结果，分析河道（湖泊）在水环境污染、水资源保护、河湖水域岸线管理、水环境行政执法（监管）等方面存在的主要问题。问题的总结与梳理应与目标和任务相结合。

2.4.3　治理目标

2.4.3.1　制定依据

围绕水资源保护、河湖水域岸线管理保护、水污染防治、水环境治理、水生态修复、执法监管等六大方面任务，结合省委、省政府治水重点工作，根据《浙江省全面深化河长制工作方案（2017—2020年）》的要求，确定各地水质提升总体目标及分年度目标。

2.4.3.2　总体目标

"一河（湖）一策"方案编制的总体目标主要包括水资源保护目标（重要江河湖泊水功能区水质达标率、地表水省控断面Ⅲ类水以上比例指标、饮用水水源地水质达标率、生态基流满足程度等）、水环境质量改善目标（水质监控断面、水功能区达标等）、河湖空间管控目标（新增水域面积、河道管理范围划定、水利工程标准化、涉水违法构筑物拆除等）、水生态修复目标（河道整治、生态河道建设、水土保持、河道清淤等）等。

将总体目标按照相关任务的完成情况分解到各年度目标。

2.4.4　工作任务

工作任务主要包括水资源保护、河湖水域岸线管理保护、水污染防治、水环境治理、水生态修复、执法监管等六大方面任务。

2.4.4.1 水资源保护

1. 水功能区监督管理

加强水功能区、水环境功能区水质监测和水质达标考核。从严核定水域纳污能力，严守水功能区纳污红线。

2. 饮用水水源保护

对不满足饮用水水质要求的集中式饮用水水源地或者农村饮用水水源地的河道，实施污染源治理、生态修复等综合措施，加强农村饮用水水源保护和水质监测能力建设。

3. 河湖生态流量保障

完善水量调度方案，合理安排闸坝下泄水量和泄流时段，维持河湖基本生态用水需求，重点保障枯水期河道生态基流。

2.4.4.2 河湖水域岸线管理保护

1. 河湖水域空间管控

加强河湖水域空间管控，依法划定河道管理范围和水利工程管理与保护范围，并设立界桩等保护标识，明确管理界线，严格涉河（湖）活动的社会管理。

2. 河湖水域岸线保护

统筹水利、环保、国土、规划、港航等各部门的力量，开展省市级河道及城市规划区域重要县级河道的岸线保护利用规划编制工作，科学划分岸线功能区，严格河湖生态空间管控。

3. 水利工程标准化

加快推进河湖及沿河堤防、水闸、泵站等水利工程标准化管理创建工作。

2.4.4.3 水污染防治

1. 工业污染治理

在查清各类污染企业整治、工业集聚区污染防控、重点污染行业废水处理等三方面问题的基础上，针对水污染防治目标，提出整治任务和治理措施。

2. 城镇生活污染防治

围绕加强城镇污水收集能力建设、改善处理设施运行状况、加快配套纳污管网建设和旧管更新、推进雨污分流和排污（水）口排查整治、提升污泥处理

技术创新水平和无害化利用效率、加大河道两岸地表 100m 范围内的污染物入河管控措施等方面，因地制宜设立治理目标并制订实施计划。

3. 农业农村生活污染防治

重点围绕畜禽养殖污染防治、农业面源污染治理、水产养殖污染防治、农村环境综合整治等四方面问题，提出涉及水污染防治方面的整治任务和治理措施。

4. 船舶港口污染控制

针对老旧船舶更新、港口污染管控、河道泥浆运输管理等内容，提出涉及水污染防治方面的整治任务和治理措施。

2.4.4.4　水环境治理

1. 入河排污（水）口监管

严格实施入河排污（水）口身份证式管理，例如浙江省要求在 2017 年年底前全面完成整治任务。切实加强入河排污（水）口的日常监管，严格入河排污（水）口审核登记，对未依法办理审核手续的，提出限期补办手续要求，对依法依规设置的入河排污（水）口进行登记，并公布名单信息，同时对排污严重的河段建成入河排污口信息管理系统。

2. 水系连通工程

按照"引得进、流得动、排得出"的要求，逐步恢复水体自然连通性，通过增加闸泵配套设施，打通"断头河"，整体推进区域干支流、大小微水体系统治理，增强水体流动性。

3. "清三河"巩固措施

加强对已整治河道的监管，定期开展复查和评估工作。将"清三河"治理范围延伸至支流及小沟、小渠、小溪、小池塘等小微水体。

2.4.4.5　水生态修复

1. 生态河道建设

实施生态河道、闸坝改造、生态堤改造、河道景观绿道建设等工程，有条件的河道积极创建以河湖或水利工程为依托的水利风景区。

2. 水土流失治理

针对水土流失严重区域，提出封育治理、坡耕地治理、沟壑治理以及水土保持林种植等综合治理措施，开展生态清洁型小流域建设。

3. 河道清淤工作

河道清淤工作主要包括制定年度清淤方案，明确清淤范围、清淤方量、清淤时间、清淤方式、处置方法、处置地点等，实现淤泥"无害化、减量化、资源化"处置，探索建立清淤轮疏长效机制。

2.4.4.6 执法监管

打击河湖管理范围内涉河违法行为，清理整治非法排污、设障、捕捞、养殖、采砂、围垦、侵占水域岸线等违法活动；建立河道日常监管巡查制度，实行河道动态监管。

2.4.5 保障措施

明确各级河长和各相关部门职责，提出强化组织领导、强化督查考核、强化资金保障、强化技术保障、强化宣传教育等方面的保障措施。

2.4.6 具体形式

2.4.6.1 一个方案

结合当地实际情况，编制《××河"一河（湖）一策"》实施方案。

2.4.6.2 两张表格

两张表格包括××河"一河（湖）一策"重点工程项目汇总表和重点项目推进计划表，具体示例见表2-1、表2-2。

表2-1 ××河"一河（湖）一策"实施方案重点项目汇总表（示例）

序号	分　类	项　目　数	投资/万元
一	**水资源保护**		
1	节水型社会创建		
2	饮用水水源保护		
二	**河湖水域岸线管理保护**		
3	河湖管理范围划界确权		
4	清理整治侵占水域岸线、非法采砂等行为		
三	**水污染防治**		
5	工业污染治理		

续表

序号	分 类	项 目 数	投资/万元
6	城镇生活污染治理		
7	农业农村污染防治		
8	船舶港口污染控制		
四	**水环境治理**		
9	入河排污（水）口监管		
10	水系连通工程		
11	"清三河"巩固措施		
五	**水生态修复**		
12	河湖生态修复		
13	防洪和排涝工程建设		
14	河湖库塘清淤		
六	**执法监管**		
15	监管能力建设		
合计			

表 2-2 ××河"一河（湖）一策"实施方案重点项目推进工作表（示例）

分　类		序号	市	县（市、区）	牵头单位	项目名称	项目内容	完成年限	投资/万元	责任单位
一、水资源保护	（一）落实最严格水资源管理制度									
	（二）水功能区监督管理									
	（三）节水型社会创建									
	（四）饮用水水源地保护									
二、河湖水域岸线管理保护	（五）河湖管理范围确权									
	（六）水域岸线保护									
	（七）标准化管理									
三、水污染防治	（八）工业污染治理									
	（九）城镇生活污染治理									
	（十）农业农村污染防治									
	（十一）船舶港口污染控制									

续表

分　　类		序号	市	县（市、区）	牵头单位	项目名称	项目内容	完成年限	投资/万元	责任单位
四、水环境治理	（十二）入河排污（水）口监管									
	（十三）水系连通工程									
	（十四）"清三河"巩固措施									
五、水生态修复	（十五）生态河道建设									
	（十六）防洪和排涝工程建设									
	（十七）水土流失治理									
	（十八）河湖库塘清淤									
六、执法监管	（十九）监管能力建设									

第3章

平原型河道"一河（湖）一策"方案编制案例分析

3.1 省级方案编制案例分析

以《浙江省湖州市东苕溪（湖州段）"一河（湖）一策"方案编制与实施》为例进行分析。

3.1.1 基本现状

东苕溪（湖州段）南起德清县三合乡康介山村，北至湖州市城西大桥，沿线流经德清县的三合乡、乾元镇、洛舍镇，吴兴区的埭溪镇、东林镇、道场乡及南浔区菱湖镇、孚镇等8个乡镇和湖州经济开发区康山街道，在湖州与西苕溪汇合后入太湖。东苕溪（湖州段）全长57km，其中，湖州市区段27.5km，德清县段29.5km。东大堤防洪设计标准为100年一遇，河道防洪标准为20年一遇，主要控制性工程有德清大闸、洛舍大闸、鲇鱼口水闸、菁山水闸、吴沈门水闸、湖州船闸、城南水闸、城西水闸。

东苕溪导流港拓浚及东大堤加固工程自1998年11月开工建设，于2005年12月完成。东苕溪（湖州段）与环城河、长兜港、庞儿港等河道共同承担着排泄东、西苕溪流域（其中东苕溪2265km²、西苕溪2274km²）上游泄洪功能，也是干旱年份引太湖水补内河水源的主要通道。

东苕溪流域共设14个水质监测断面，其中列入市级河河道监测断面4

个，分别为德清县城南翻水站、吴兴区东升、鲍山和城西大桥。2013 年上半年，东苕溪Ⅱ类、Ⅲ类、Ⅳ类水质断面比例分别为 50.0%、42.9%、7.1%，满足功能要求的断面比例为 85.7%，水质状况为优。其中市级河河道均达到Ⅲ类水质，但城西大桥监测断面水质未满足功能区要求（饮用水一级保护区要求较高，为Ⅱ类）。与 2012 年同期和 2012 年全年相比，东苕溪流域水质保持稳定，表现在满足功能要求断面比例持平。东苕溪流域各断面水质监测情况见表 3-1。

表 3-1　　　　　　　　东苕溪流域各断面水质监测情况

序号	断面名称	断面管理级别	断面所在区县	功能要求/类	水质现状/类	超标因子	水质状况
1	城西大桥	省控	吴兴区	Ⅱ	Ⅲ	总磷	良好
2	鲍山	市控		Ⅲ	Ⅲ	—	良好
3	东升	省控		Ⅲ	Ⅲ	—	良好
4	城南翻水站	省控	德清县	Ⅲ	Ⅲ	—	良好
5	大陈	市控	吴兴区	Ⅱ	Ⅱ	—	优
6	大钱	国控		Ⅲ	Ⅲ	—	良好
7	对河口	市控	德清县	Ⅲ	Ⅱ	—	优
8	对河口水库中	县控		Ⅱ	Ⅱ	—	优
9	湖家埭	市控		Ⅱ	Ⅱ	—	优
10	老虎潭水库坝前	省控	吴兴区	Ⅱ	Ⅱ	—	优
11	六洞桥	县控	德清县	Ⅱ	Ⅱ	—	优
12	毗山	省控	吴兴区	Ⅲ	Ⅲ	—	良好
13	上横	市控	德清县	Ⅲ	Ⅳ	氨氮	轻度污染
14	庄上	市控	吴兴区	Ⅱ	Ⅱ	—	优

2013 年 8 月 14 日，针对东苕溪悬浮物开展监测，东苕溪悬浮物平均浓度为 350mg/L，其中东升断面（德清县—吴兴区）浓度高达 638mg/L，矿山集中区（东林镇）浓度达 876mg/L，悬浮物浓度过高、水体较为浑浊。东苕溪悬浮物监测情况见表 3-2。

分段区县	监测点	平均浓度/(mg·L⁻¹)	备 注
德清县	奉口断面（余杭区—德清县）	56	交接断面
	德清城南翻水站	126	
	德清卫星村委	190	
	德清杭宁高速桥下	294	
	洛舍大桥（洛舍镇下游）	714	
	东升断面（德清县—吴兴区）	638	交接断面
吴兴区	洛矿山集中区（东林镇）	876	
	鲍山（矿山集中区下游）	248	
	大钱断面（吴兴区—太湖）	9	交接断面，监测时入湖口倒流

表 3-2 东苕溪悬浮物监测情况

3.1.2 污染现状及成因

3.1.2.1 河道淤积情况

目前，东苕溪河道淤积量已达 1024 万 m³，河床抬高约 2m。其中，湖州市区段（德清南浔交界处至湖州市城西大桥）河道淤积量达 694 万 m³，德清县段（德清县三合方康介山村至德清南浔交界处）河道淤积量为 330 万 m³。经测算分析，东苕溪河道淤积量以 50 万 m³/a 的速度增长。如 2011 年湖州市曾对青山闸实施了清淤措施，但经过一段时间，青山水闸口门上游及闸下河又形成了大范围的淤积。河道淤积既影响水体美观也影响相关区域的行洪能力和防洪安全。

3.1.2.2 矿山企业排污

东苕溪两岸在产矿山企业 14 家，加工机组共 60 套，核定矿山开采规模 2854 万 t/a。其中，吴兴区占 7 家（埭溪镇 3 家、东林镇 3 家、道场乡 1 家），加工机组为 8 套；德清县占 7 家（洛舍镇 2 家、乾元镇 3 家、三合乡 2 家）加工机组为 52 套。另外，在企业中，干法加工企业 3 家 22 套加工机组，湿法加工企业 11 家 38 套加工机组。目前 14 家在产矿山企业已创建市级以上（含）绿色矿山企业 5 家。东苕溪沿岸 2km 范围内无矿山加工机组 20 套，其中吴兴区 14

套、南浔区 3 套、德清县 3 套；涉矿码头泊位 247 个，其中德清县段有 142 个、吴兴区 98 个、南浔区 7 个。

由于矿山开采使用水冲石矿工艺，致使东苕溪水质变浑，河道开始淤积。从东苕溪淤塞质，基本特性为粉砂状物质，主要由矿渣颗粒形成。矿山企业虽通过沉砂池沉淀，但仍有部分渣土废水排入东苕溪及河道中；加之个别矿山企业污水处理设施本身不到位，或对污水治理不到位，甚至存在偷排漏排现象等，造成河道浑浊和淤积。

3.1.2.3　航运船舶致污

湖州市内河航运繁忙，其港口吞吐量在全国内河港口中排名前列。截至 2012 年，在东苕溪长期从事运输的船舶约 3500 艘，运输船舶通过量接近 18 万艘次。2012 年东苕溪沿线矿山企业由水路出运的矿建材料达 8920 万 t，其中，德清县为 6217 万 t、吴兴区为 2703 万 t。2013 年上半年，东苕溪沿线矿山企业从水路出运的矿建材料达 3471 万 t，其中，德清县 2506 万 t、吴兴区 965 万 t。矿山企业多分布在苕溪水系两侧，为节约成本，常采用大吨位船舶进入低等级河道甚至超载运输等方式，致使船体吃水深，船舶航行时螺旋桨搅动水体造成泥沙等悬浮物无法沉淀，造成水体浑浊。

3.1.2.4　工业企业排污

东苕溪（湖州段）涉及生产废水直排环境企业共 6 家（德清县 1 家、南浔区 2 家、吴兴区 2 家、开发区 1 家），废水排放量约 45.2 万 t/a，COD 排放量约 37.5t/a、氨氮排放量约 5.2t/a。同时，东苕溪与长湖申线三岔口处道场乡南墩村有 2 家纺织企业，目前企业生产废水处理后排入长湖申线，但距东苕溪在 500m 以内，当水文条件变化时也可能影响东苕溪水质。吴兴县埭溪镇污水处理厂排放的尾水经下沈港镇排入东苕溪；德清县恒丰污水处理有限公司处理后的尾水经余英溪、清水港排入东苕溪。污水处理厂尾水的排放对东苕溪（湖州段）水质会产生一定影响。如狮山污水处理厂尾水排放河道监测断面上横断面水质为Ⅳ类，未满足功能区要求。

3.1.2.5　农业养殖排污

东苕溪德清段沿岸 2km 范围内有生猪养殖户 263 户，总存栏规模约为 11.3

万头；温室龟鳖养殖户 8 户，养殖面积 2.84 万 m²，养殖量约为 12.2 万只。

东苕溪吴兴段沿岸 2km 范围内有生猪养殖户 26 户，总存栏规模约为 0.53 万头；温室龟鳖养殖户 249 户，养殖面积 24.4 万 m²，养殖量约为 732.8 万只；养鸡场 5 家，养殖规模为 5.58 万只；养羊户 9 户，养殖规模为 1540 只；养鸭户 16 户，养殖规模为 5.94 万只。

东苕溪南浔段 2km 范围内有生猪养殖户 24 户，总存栏规模约为 0.88 万头；温室龟鳖养殖户 374 户，养殖面积 31 万 m²，养殖量约为 929.6 万只。

尽管近年来湖州市在对规模化畜禽养殖污染治理方面的工作取得了一定成效，但由于农业养殖较多，污染排放较大，特别是生猪养殖和温室龟鳖养殖废水等的治理还不到位，造成河流、湖泊等水体总氮超标，区域性富营养化将导致藻类暴发，直接影响水环境质量和居民饮水安全。

3.1.2.6 居民生活排污

经调查，东苕溪沿岸涉及 9 个乡镇（街道）36 个行政村 219 个自然村，涉及人口 4.03 万人，目前配备居民生活污水收集处理受益人口约 1.05 万人，受益率约 26%。随着居民生活水平的提高，人畜粪便利用率降低，居民生活污水排放量也在快速增加。目前，居民生活污水收集处理设施的建设相对滞后，导致居民生活污水成为水体污染的重要来源之一。

3.1.3 治理目标

按照《湖州市水环境综合治理实施方案》的要求，坚持"控新治旧、水岸同步、标本兼治、监建并举"原则，结合东苕溪实际情况，以"治浑"作为东苕溪治理工作重点，围绕"治矿、治淤、治船、治污"等四大方面，工程、结构和监管等多种治水手段并举，全面实现东苕溪水环境"近期洁、中期清、长期净"的目标。其中，截至 2013 年，无矿山加工机组的全面关停，沿河工业企业全面整治提升，河道漂浮物和两岸垃圾得到了全面清除，河道 200m 范围内的生猪、温室龟鳖和鸡鸭等养殖场全面拆除，水质持续好转，周边整洁；截至 2014 年，在产矿山的治理全面到位，河道 500m 范围内工业、农业、生活等河道污染源问题基本解决，水质明显提高，岸绿景美；截至

2015 年，河道清淤全面完成，水质感官明显改善，河道 2000m 范围内工业、农业、生活污染源整治全面完成，水质稳中趋好，水清流畅。

3.1.4　工作任务

3.1.4.1　矿山综合整治

严格按照"减点、控量、集聚、生态"的要求进行整合压缩规模，严格控制矿山开采总量，凡年度开采量达到年核定规模量的矿山企业，坚决实行停产休整。截至 2015 年，东苕溪沿岸矿山采矿权控制为 10 个，其中德清县占 4 个、吴兴区占 6 个。严厉打击非法盗挖矿产资源和加工机组污水偷排漏排行为，加快取缔无矿山加工机组。2013 年 9 月完成了东苕溪沿岸 20 套无矿山加工机组的拆除取缔工作，其中德清县取缔 3 套、吴兴区取缔 14 套、南浔区取缔 3 套；完成列入拆除取缔计划的 81 个涉矿码头的拆除工作，其中德清县 20 个、吴兴区 57 个、南浔区 4 个。加强矿山的监管，改进湿法生产工艺，完成东苕溪沿岸 14 家矿山企业治理，做到实现矿石生产全封闭、矿石输送机械化全覆盖、矿石冲洗废水全回用，确保沿河加工机组达到零排放，从源头上减少入河泥沙量。2013 年完成了德清康介山矿业有限公司等 2 家绿色矿山企业创建工作。

3.1.4.2　河道清淤疏浚

深入贯彻河道生态建设理念，结合"苕溪清水入湖"等水利工程项目，通过清淤疏浚、岸坡整治、水系沟通、生态修复等综合治理措施，全面开展河道、航道清淤疏浚，全力推进东苕溪河道整治。结合苕溪清水入湖河道整治工程，2013 年 9 月完成了东苕溪及其支流叉口河面杂草、废弃漂浮物、河中违章构筑物等的清理工作，全面落实河道长效保洁机制，相关县区每年落实河道长效保洁资金不低于 3000 元/km。2014 年全面启动东苕溪导流港清淤疏浚整治工程建设。同时，实施东苕溪德清段、吴兴段等清淤整治，于 2015 年完成东苕溪 57km 的清淤工作，将东苕溪打造成湖州生态屏障、防洪通道。深入推进"河边三化""双清"等专项行动。

3.1.4.3 航运船舶管理

加强超载运输船舶的查处力度。建立完善船舶动态管理系统，加大对超载船舶的查处力度，将船舶违法行为录入管理系统，设立"船舶超载黑名单"；对再次违法超载的船舶，根据法律法规从重处罚。实行航道全线管控，2013 年 9 月出台船舶运输管控办法；截至 2013 年，航道沿线港口码头新建船舶生活垃圾收集点 28 个，船舶生活垃圾储存容器配备率达到 100%；截至 2015 年，超载船舶数量控制在 2% 以内，超限船舶管控率控制在 98% 以上，船舶生活垃圾上岸率 98%，船舶油污水有效回收，同时完成 21 个船舶停靠点整治，并结合矿山综合整治取缔 46 个船舶停靠点，实现规范有序停靠。

3.1.4.4 面源污染治理

严格落实禁养区和限养区相关要求。2013 年，沿河两岸禁养区范围内的养殖场全部搬迁、关停及拆除取缔。按照"养殖量和污染物排放量双控制"的要求，加大畜禽污染治理力度，推行养殖废弃物统一收集、集中处理。截至 2015 年，全面完成生猪存栏在 50 头以上的养殖场的污染治理，全面建成粪便收集和有机肥加工网络，实现养殖废弃物资源化利用、无害化处理。同时，对保留的养殖场进行适度整合，集约化经营，提升生态养殖水平，畜禽养殖实现规范化发展。2015 年完成畜禽养殖场治理。

强化温室龟鳖养殖场治理。2013 年完成德清县境内河道沿岸 200m～2km 范围内养殖户 8 户的集中整治工作，达到养殖废水不外排。吴兴区境内河道沿岸 2km 以内的养殖户 249 户的集中整治，2015 年完成 500m～2km 范围内的养殖户 139 户，养殖面积为 10.7 万 m^2 的治理工作，达到养殖废水不外排。对整治无法完成或整治不到位的坚决予以关停。

3.1.4.5 企业深化治理

对东苕溪沿岸企业不能稳定达标排放或非法设置排污口进行封堵，减少工业污染排放对东苕溪水环境的影响。对汇水区范围内的废水直排企业，进一步实施中水回用和深度处理。截至 2013 年，完成 3 家纺织企业治污设施的规范化改造提升。对具备条件纳入污水处理厂的企业进行截污纳管深度治理。2013

年，完成了南浔区新奥特医药化工、波欣印染 2 家企业的纳管处理工作，完成波欣印染整治提升工作；截至 2014 年，完成新奥特医药化工整治提升工作。在完成电镀行业整治工作的基础上，截至 2014 年，完成道场电镀厂搬迁工作。强化对东苕溪流域内的污水处理厂运行监管，严格执行污水一级 A 标准排放，确保做到稳定达标排放。

3.1.4.6　农村污染治理

深入实施美丽乡村建设行动，开展村庄环境综合整治。完善垃圾箱、垃圾房、垃圾车等垃圾收集处理设施，健全农村环境卫生长效管理运行机制，消除向水体随意倾倒垃圾行为。截至 2013 年，所有村庄特别是城郊结合部、农村农贸市场周边垃圾得到有效清理，做到日清日运，生活垃圾处理率达 100%。结合美丽乡村创建、农房集聚改造，凡集镇污水厂管网受益范围内的生活污水必须纳管；不具备纳管条件的农村地区推广使用微动力分散式等适合处理生活污水的设施。截至 2015 年，德清县东苕溪沿岸村生活污水治理率达 65% 以上，吴兴区、南浔区和湖州市经济技术开发区的生活污水治理率达 55% 以上，农房集聚改造项目生活污水治理人口覆盖率达 100%。

3.1.5　实施步骤

（1）第一阶段：调查摸底（2013 年 8 月 9 日—9 月 15 日）。根据《湖州市建立河长制实施方案》要求，通过现场核实、查阅资料等进行调查摸底，全面掌握河道基本情况，制订实施方案，明确目标任务，分解落实责任。

（2）第二阶段：集中攻坚（2013 年 9 月 16 日—10 月 30 日）。结合"河道洁化""双清""三改一拆"等专项行动，彻底清除河道内水草、水葫芦、河面漂浮物，河岸边垃圾和违章建筑，做到环境整洁有序。

（3）第三阶段：全面整治（2013 年 10 月 30 日—2015 年 10 月 30 日）。按照总体目标和分年度任务要求，分阶段全面开展"治矿、治淤、治船、治污"等集中整治专项行动，确保六大重点方面工作全面到位。

（4）第四阶段：落实长效（2015 年 11 月 1 日起）。全面总结东苕溪水环境综合治理工程中的经验教训，建立健全各项工作长效管理机制，巩固整治成效，为水环境"长期净"的目标奠定扎实基础。

3.1.6　保障措施

（1）明确落实责任。东苕溪流域涉及县（区）、乡镇（街道）、村庄较多，严格按照"谁受益、谁负担，谁污染、谁治理"的原则，落实东苕溪沿线德清县、吴兴区、南浔区和开发区等县区政府（管委会）的主体责任，实行沿线属地负责，分段落实，因地制宜，各司其职，制订"作战图"和"任务表"，明确目标和阶段任务，共同做好东苕溪整治工作。同时，成立东苕溪河长制办公室，环保、矿冶、水利、农业、交通等部门认真履行各自职责并加强协作配合。

（2）加大资金投入。东苕溪整治特别是清淤疏浚任务重、投入大。要进一步强化各项涉水资金的统筹与整合，提高资金使用绩效。要加大向上对接争取力度，依托重大项目，从发改、水利、环保、建设等条线上争取资金。同时，要多渠道筹措资金，引导和鼓励社会资本参与，协调落实沿线矿山企业共同筹措资金参与东苕溪清淤。

（3）加强执法监管。环保、矿冶、水利、农业、交通等部门形成部门合力，加大联合执法力度和涉嫌违法犯罪行为的打击力度，综合运用执法监管、经济处罚、媒体曝光、挂牌督办、限期治理等方式，从严从重打击各类违法行为，形成和保持对违法行为的高压态势，坚决做到"发现一起、查处一起，打击一个、震慑一批"。

（4）强化督查考核。建立完善河长制考核办法，涉及县（区）、乡镇和村要按行政辖区范围层层建立"部门明确、责任到人"的河长制工作体系，强化层级考核。湖州市河长制办公室将定期或不定期组织督查，及时通报各地河长制工作进展情况。对工作进展缓慢的县区领导进行约谈；对责任不落实、工作不得力的单位和个人，将严肃追究责任。

（5）加强宣传教育。充分发挥广播、电视、报刊、网络等主流新闻媒体的舆论导向作用，加强对东苕溪周边矿山企业、养殖户和广大群众的宣传教育，使大家都成为东苕溪水环境治理的参与者、宣传者和监督者，参与到保护母亲河、共同治理东苕溪的工作中来。

东苕溪各级河道基本情况见表3-3。

表 3 - 3　　东苕溪各级河道基本情况表

县区	县域河长	起止点	县级河长	联络部门及联络员	沿线乡镇	乡镇级河长	分管河长/km	起止点	沿线村名	村级河长/km	起止点
德清县	西岸长24.50km,其中西岸南浔菱湖镇为0.40km,东岸长13.30km	三合康介山—洛舍小东山	×××	德清县环境保护局具体人员	乾元镇	×××	8.5	卫星村东苕溪桥—幸福村大堡塘	卫星村	4.5	东苕溪桥—涂田圩
									金鹅山	1.2	贾家斗—东苕溪桥
									联合村	1.7	蔡家墩—贾家斗
									城北村	0.5	枯柏树桥—信谊闸
									幸福村	0.6	蔡家墩—幸福村大堡塘
					洛舍镇	×××	6.2	市元头—小东山	三家村	3.4	市元头—洋里
									张陆湾村	2.8	洋里—小东山
					三合乡	×××	14.7	康介山余杭界—塘泾十八亩	康介山村	6.0	余杭界—下杨
									上杨村	0.7	下杨—石人涧
									下杨村	1.0	康山—三里塘
									八字桥村	0.8	新斗门—石人涧
									东家村	1.5	新斗门—杨家角
									和睦村	1.0	张码头—杨家角
									塘泾村	3.7	乾元—十八亩
吴兴区		德清界—五一大桥	×××	吴兴区环境保护分局具体人员	塘溪镇	×××	4.4	德清界—木排兜河南	东红村	2.1	德清界—塘溪水闸
									小丰山	2.3	塘溪水闸—木排兜河南
									保承村	1.3	木排兜河南—大畈里
					东林镇	×××	西岸长6.1	木排兜河南—山塘大桥南	保国村	1.0	大畈里—蓬茶山
									青联村	0.5	蓬茶山—百廿亩
									南山村	0.8	百廿亩—青山港
									胜利村	0.7	青山港—长圩头
									青山村	1.8	长圩头—山塘大桥南

续表

县区	县域河长	起止点	县级河长	联络部门及联络员	沿线乡镇	乡镇级河长	分管河长/km	起止点	沿线村名	村级河长/km	起止点
吴兴区	西岸长24.50km，其中西岸南浔菱湖镇为0.40km，东岸长13.30km	德清界—五一大桥	×××	吴兴区环境保护分局具体人员	东林镇	×××	东岸长7.1	德清界—西渚里下昂界	东升村	1.9	德清界—鲇鱼口闸
									保卫村	1.3	鲇鱼口闸—千亩田
									保木村	2.1	千亩田—沈圩北横
									保国村	1.8	沈圩北横—西渚里下昂界
					道场乡	×××	西岸长13.6	红山泵站—五一大桥	红里山村	1.7	红山泵站—三世河
									施家村	1.1	三世河—白米港泵站南
									孤城村	5.6	白米港泵站南—申嘉湖高速
									道场沃村	3.4	申嘉湖高速—苏台山油
									城南村	1.8	苏台山油—五一大桥
							东岸长6.2	吴沈门水闸—五一大桥	孤城村	1.0	吴沈门水闸—和孚界山边
									钱山下村	2.7	申嘉湖高速北—潘塘
									南墩村	2.1	潘塘—五一大桥
									城南水闸侧城区段	0.4	
南浔区	8.84	山塘村小山—云东村梅湾	×××	南浔区环境保护分局具体人员	菱湖镇	×××	7.6	南横港—红山翻水站	山塘村	2.4	南横港—周家圩港
									许联村	1.3	周家圩港—罗埂角
									杨港村	1.6	罗埂角—老吴沈门水闸
									山塘村	2.4	新开元石矿—红山翻场水站
					和孚镇	×××	1.2	吴沈门大桥—S12高速公路桥	群益村	0.3	吴沈门大桥—S12高速公路桥
									云东村	0.9	
经济技术开发区	3.10	鄣西湾排涝站—城西水厂	×××	经济技术开发区管委会办公室具体人员	康山街道	×××	3.1	鄣西湾排涝站—城西水厂	双塘村	3.1	鄣西湾排涝站—城西水厂

25

东苕溪沿岸致污情况见表 3-4～表 3-9。

表 3-4　　　　　　　　　东苕溪沿岸矿山企业基本情况

序号	区县	乡镇	村	企 业 名 称	加工机组/套
1	吴兴区	道场乡	红里山村	驼×××矿业有限公司	
2		东林镇	青山村	新×××碎石	3
3				康×××石矿	
4			南山村	巨×××矿业有限公司	1
5		埭溪镇	小羊山村	小×××矿业有限公司	3
6			东红村	东×××石矿	1
7				湖州图×××矿业有限公司	
8	德清县	洛舍镇	砂村	砂×××矿业有限公司	25
9			三家村	三×××矿业有限公司	4
10		乾元镇	幸福村	瓜×××矿业有限公司	1
11			联合村	联×××矿业有限公司	1
12			城北村	信×××石矿	1
13		三合乡	杨坟村	杨×××二厂	8
14			康介山村	康×××山矿业有限公司	12
合　计					60

表 3-5　　　　　　　　东苕溪沿岸无矿山加工机组基本情况

序号	区县	乡镇	村	企 业 名 称	加工机组/套
1	南浔区	菱湖镇	三塘村	良×××石料加工厂	1
2				三×××石料加工厂	1
3				海×××石料加工厂	1
4	吴兴区	东林镇	保永村	吴兴永×××石料加工厂	1
5				杭×××石料加工厂	1
6				贯×××石料加工厂一厂	1
7				贯×××石料加工厂二厂	1
8				福×××石料厂	1
9				连×××石料加工场	1
10				福×××矿业有限公司	1
11			东方村	华×××石料厂	1
12		埭溪镇	小羊山村	全×××石料加工厂	1
13				奕×××石料加工厂	1
14			西园村	新狗×××山石料厂	1
15			鸿仲坞村	龙×××石料加工厂	1
16			上强村	洪×××石料加工场	1
17				毛柴×××石料加工厂	1
18	德清县	开发区	王母山村	荣×××矿无矿山机组	1
19			东苕溪支线龙山村	开发区×××平工程机组	1
20		乾元镇	东苕溪至杭湖锡线	乾元×××平工程机组	1

表 3－6 东苕溪沿岸工业企业排污基本情况

序号	区县	乡镇	村	企 业 名 称	废水排放量/万 t	COD排放量/t	氨氮排放量/t
1	德清县	乾元镇	金鹅山村	德清县华××丝业有限公司	12.7	3.5	0.1
2	南浔区	菱湖镇	山塘村	新××医药化工有限公司	13.7	13.7	1.1
3			山塘村	湖州波××印染厂	17.0	19.0	1.8
4	吴兴区	东林镇	三合村	湖州市青×××化纤丝织厂	0.1	0.1	0.0
5		道场乡	砚山	湖州天×××食品有限公司	0.5	0.7	2.2
6			砚山	湖州市道××××电镀厂	1.2	0.5	0.0
合　计					45.2	37.5	5.2

表 3－7 东苕溪沿岸农业生猪养殖基本情况

序号	区县	乡镇	村	养殖户姓名	距河道长度/m（距东苕溪）	存栏/头
1	德清县	洛舍镇	洛舍村	×××	1300	207
2				×××	1500	202
3			三家村	×××	1200	63
4				×××	1300	94
⋮	⋮	⋮	⋮	⋮	⋮	⋮
313	南浔区	和孚镇	群益村	×××	1800	70
合　计						12.66 万

表 3－8 东苕溪沿岸农业温室龟鳖养殖基本情况

序号	区县	乡镇	村	养殖户姓名	养殖面积/m²	养殖数量/只
1	德清县	乾元镇	城北村	×××	1036	5330
2				×××	10237	31300
3				×××	830	4000
4	吴兴区	东林镇	东升村	×××	1300	—
5				×××	650	—
⋮	⋮	⋮	⋮	⋮	⋮	⋮
631	南浔区	菱湖镇	千丰村	×××	700	

表 3 - 9　　　　　　　　　　东苕溪沿岸农村生活污水处理基本情况

序号	区县	乡镇（街道）	村	自然村	人口/人	生活污水处理情况
1	德清县	三合乡	康介山村	1 组	201	配备 1 座大型集中式污水处理设施，受益人口 669 人
2				2 组	201	
3				3 组	267	
4				4 组	221	配备 1 座大型集中式污水处理设施，受益人口 436 人
5				5 组	215	
6				6 组	187	
7				7 组	178	
⋮	⋮	⋮	⋮	⋮	⋮	
219	开发区	康山街道	道场村	下庚村	164	

东苕溪"一河（湖）一策"工作任务表，见表 3 - 10～表 3 - 15。

表 3 - 10　　　　　　　　东苕溪沿岸矿山环境综合整治任务表

序号	工 作 任 务	责任单位
1	截至 2013 年 9 月，取缔 3 套无矿山加工机组，实现无矿山加工全面取缔；20 座矿石运输码头全部拆除到位。 截至 2014 年，新建绿色矿山 2 家。 截至 2015 年，采矿权数控制在 4 个，在产矿山的加工企业实现废水零排放、24h 视频监控，废弃矿山治理率达 100%	德清县负责单位
2	截至 2013 年 9 月，取缔 14 套无矿山加工机组，实现无矿山加工全面取缔；57 座矿石运输码头全部拆除到位。 2013 年，新建绿色矿山 1 家。 2015 年，采矿权数控制在 6 个，开采规模控制在 1194 万 t/a；在产矿山加工企业实现废水零排放、24h 视频监控，废弃矿山治理率达 100%	吴兴区负责单位
3	截至 2013 年 9 月，取缔 3 套无矿山加工机组，实现无矿山加工全面取缔；4 座矿石运输码头全部拆除到位	南浔区负责单位

表 3 - 11　　　　　　　　东苕溪河道清淤疏浚整治任务表

序号	工 作 任 务	责任单位
1	2014 年实施东苕溪德清段清淤整治，2015 年完成 29km 河道清淤工作	德清县负责单位
2	2014 年实施东苕溪吴兴南浔段清淤整治，2015 年完成 24km 河道清淤工作	吴兴区负责单位 南浔区负责单位

表 3 - 12 东苕溪河道船舶整治任务表

序号	工 作 任 务	责任单位
1	2013 年 9 月出台船舶运输管控办法。超载船舶数量 2013 年控制为 5% 以内、2014 年为 3% 以内、2015 年为 2% 以内；超限船舶管控率 2013 年控制为 90% 以上、2014 年为 95% 以上、2015 年为 98% 以上；截至 2015 年，完成船舶停靠点整治，实现规范有序停靠。结合矿山整治活动整治船舶停靠点 15 处，取缔船舶停靠点 29 处。2013 年，航道沿线港口码头新建船舶生活垃圾收集点 15 个，船舶生活垃圾储存容器配备率达到 100%。2015 年，船舶生活垃圾上岸率达到 98%	德清县负责单位
2	2013 年 9 月出台船舶运输管控办法。超载船舶数量 2013 年控制为 5% 以内、2014 年为 3% 以内、2015 年为 2% 以内；超限船舶管控率 2013 年控制为 90% 以上、2014 年为 95% 以上、2015 年为 98% 以上；截至 2015 年，完成船舶停靠点整治，实现规范有序停靠。结合矿山整治活动整治船舶停靠点 6 处，取缔船舶停靠点 14 处。2013 年，航道沿线港口码头新建船舶生活垃圾收集点 13 个，船舶生活垃圾储存容器配备率达到 100%。2015 年，船舶生活垃圾上岸率达到 98%	吴兴区负责单位
3	2013 年 9 月出台船舶运输管控办法。超载船舶数量 2013 年控制为 5% 以内、2014 年为 3% 以内、2015 年为 2% 以内；超限船舶管控率 2013 年控制为 90% 以上、2014 年为 95% 以上、2015 年为 98% 以上；截至 2015 年，完成船舶停靠点整治，实现规范有序停靠。结合矿山整治活动取缔船舶停靠点 3 处	南浔区负责单位

表 3 - 13 东苕溪沿岸农业养殖场整治任务表

序号	工 作 任 务	责任单位
1	东苕溪德清段沿岸 2km 范围内 2013 年年底生猪存栏规模控制到 7.83 万头以下（其中乾元镇削减 2.88 万头，洛舍镇削减 0.11 万头，三合乡削减 0.43 万头），2014 年年底生猪存栏规模控制到 5.16 万头以下（其中乾元镇削减 2.67 万头），2015 年年底生猪存栏规模控制到 5.16 万头以下。截至 2015 年已全面完成生猪存栏 50 头以上养殖场污染治理，对整治无法完成或整治不到位的予以关停处理。2013 年完成河道 200～2000m 内的 8 户温室龟鳖养殖户集中整治工作，达到养殖废水不外排，对整治无法完成或整治不到位的予以关停处理	德清县负责单位
2	东苕溪吴兴区段沿岸 200m 禁养区范围内 4 户，生猪养殖户总存栏 360 头，2013 年全部拆除取缔到位。200～500m 范围内 1 户生猪养殖户存栏 479 头，2014 年完成整治。500～2000m 范围内 21 户，生猪养殖户存栏 4957 头，2015 年完成整治；对整治无法完成或整治不到位予以关停处理。对河道 2km 以内的 249 户温室龟鳖养殖户进行集中整治，其中位于河道 200m 以内的养殖户 68 户，面积为 8.4 万 m²。2013 年关停河道 200～500m 范围内的养殖户 42 户，面积为 5.3 万 m²。2014 年年底完成治理，500～2000m 范围内的养殖户 139 户，面积为 10.7 万 m²。2015 年完成治理工作，达到养殖废水不外排，对整治无法完成或整治不到位的予以关停处理	吴兴区负责单位

续表

序号	工作任务	责任单位
3	东苕溪南浔区段沿岸 200m 禁养区范围内 6 户，总存栏 1774 头生猪养殖场，2013 年已全部拆除取缔到位。2014 年完成 200～500m 范围内 3 户总存栏 255 头生猪养殖场的整治工作，2015 年完成 500～2000m 范围内 15 户总存栏 6757 头生猪养殖场的整治工作；对整治无法完成或整治不到位的予以关停处理。2013 年对河道 2km 内的 374 户温室龟鳖养殖进行集中整治，其中位于河道 200m 以内的养殖户 105 家，面积为 8.3 万 m² 予以关停处理，269 家面积 22.688 万 m² 在 2013 年底前完成整治，达到养殖废水不外排，对整治无法完成或整治不到位的坚决予以关停	南浔区负责单位

表 3-14　　　　　东苕溪沿岸工业企业整治提升任务表

序号	工作任务	责任单位
1	2013 年完成了 1 家企业治污设施的规范化改造提升，确保稳定达标排放	德清县负责单位
2	2013 年完成了 2 家企业治污设施的规范化改造提升，通过中水回用等措施实现零排放，确保稳定达标排放。2013 年完成了 1 家企业的整治提升工作，2015 年实现了整体搬迁	吴兴区负责单位
3	2013 年完成了 2 家企业的纳管处理工作	南浔区负责单位
4	2014 年完成了 1 家企业的搬迁工作	开发区负责单位

表 3-15　　　　　东苕溪沿岸农村环境整治提升任务表

序号	工作任务	责任单位
1	截至 2013 年年底，生活垃圾处理率达 100%；截至 2015 年，沿岸农村生活污水治理率 65% 以上，农房集聚改造污水治理人口覆盖率达 100%	德清县负责单位
2	截至 2013 年年底，生活垃圾处理率达 100%；截至 2015 年，沿岸农村生活污水治理率 55% 以上，农房集聚改造污水治理人口覆盖率达 100%	吴兴区负责单位
3	截至 2013 年年底，生活垃圾处理率达 100%；截至 2015 年，沿岸农村生活污水治理率 55% 以上，农房集聚改造污水治理人口覆盖率达 100%	南浔区负责单位
4	截至 2013 年年底，生活垃圾处理率达 100%；截至 2015 年，沿岸农村生活污水治理率 55% 以上，农房集聚改造污水治理人口覆盖率达 100%	开发区负责单位

3.2　市级方案编制案例分析

以《浙江省海宁市上塘河"一河（湖）一策"实施方案（2017—2020 年）》（以下简称"方案"）的编制为例进行分析。

3.2.1 现状调查

3.2.1.1 河道现状调查

上塘河地处海宁市西南部，是海宁市的入海河流，属太湖流域杭嘉湖平原河网。起始于余杭—海宁交界（东经120°20′08″、北纬30°26′00″），终止于盐官镇上塘河闸（东经120°32′18″、北纬30°24′45″），流经海宁市许村镇、长安镇、周王庙镇、盐官镇，全长23.5km。上塘河水系在海宁市境内流域面积为203.45km²，属沿海高区。沿上塘河及新塘河建有船闸共3座，与运河水系、盐仓镇围垦区相通。自1956年以来，先后建有长安、许村、盐官、盐仓等电力翻水站，分别用于从运河水系翻水补充至上塘河，或从上塘河水系翻水补充至盐仓围垦区。

海宁市地处浙江省北部、嘉兴市域南部，位于北纬30°15′～30°36′、东经120°18′～120°53′，南濒钱塘江与杭州市萧山区、上虞市隔江相望，西接杭州市余杭区，北连桐乡市、嘉兴市秀洲区，东临嘉兴市海盐县。2016年海宁市各乡镇GDP、常住人口、主导产业情况汇总见表3-16。

表3-16　　2016年海宁市各乡镇GDP、常住人口、主导产业情况汇总表

序号	乡镇	GDP/亿元	常住人口/万人	主导产业
1	长安镇	99.89	14.70	装备制造、食品包装等
2	许村镇	95.60	11.30	染织、家纺等
3	周王庙镇	25.68	4.87	皮革、化工、桑苗等
4	盐官镇	28.73	4.55	五金、机电、苗木等

海宁市地处太湖流域，杭嘉湖平原东南端，南濒钱塘江。境内河流纵横，水网密布，构成了"六横九纵"河道网络。海宁市主要河道涉及上塘河、运河、钱塘江等3个水系。海宁市交通便利，沪杭铁路、杭浦高速公路、S01线杭沪复线东西横贯市域，沪杭高速公路、沪杭高铁、G320线越过北境，杭州绕城高速东线穿行西部，S08线、钱江隧道与高速连接线、嘉绍高速南北贯穿市境。市区以"两横六纵"为主框架，市、镇、村公路纵横交错，四通八达。定级内河航道有46条，主干航道与京杭大运河相连。上塘河目前已实现全线禁航，是海宁市规划的第一批重要水域，承担着行洪除涝、供水灌溉任务的骨干河道之一。上塘河左右两岸共有支流通过闸坝与运河水系相连。上塘河水流方向为由西北向东南，支流方向为由南向北，主要支流见表3-17。

表 3-17   上 塘 河 主 要 支 流

方位	支 流
左岸	坝桥港、尹家涧港、笕河港、磨陀桥港、崇长港、姚涧港、塘坊涧港、正子闸港、马闸港、新坝港、圣底殿港、庆斗铁坝港等
右岸	运输河、东斜港、凌家港、坝头港、天明庙港、庙桥港石灰港、三里塘港、西出盐港、马家桥港、中出盐港、东出盐港、珠船港、新塘河等

上塘河西段系指海宁境内从许村镇的上塘河闸至长安镇的长庆港，河道长 15.84km；上塘河东段西起长安长庆港，东至盐官上河闸，经周王庙镇、盐官镇。河道全长 8.61km。方案实施范围内上塘河东段左右两岸有云龙村、之江村、石井村、双涧村、荆山村、城北村、盐官村、安澜社区。

上塘河护岸情况见表 3-18，人民桥、石井桥等护岸现状如图 3-1~图 3-6 所示。

表 3-18   上塘河护岸情况调查表

序号	地 点	工程型护岸类型	现状描述	备注
1	团结公路与上塘河交汇处，人民桥	浆砌石	人民桥北侧护岸缺失约 20m，实施生态植物护岸措施	图 3-1
2	天顺路与上塘河交汇处，天顺桥		两岸护岸完整，有生态植物护岸措施	
3	大桥路与上塘河交汇处，许村大桥		两岸护岸完整，水生植物生长茂盛。存在村民自建钓鱼台及村民直接在河道洗澡现象	
4	X712 科天线公路与上塘河交汇处，报国桥	浆砌石/混凝土	两岸护岸完整	
5	杨家渡，杨渡路与上塘河交汇处，杨渡桥	混凝土	杨渡桥南侧护岸完整；北侧护坡靠近居民区附近，存在生活垃圾堆放现象，护岸破损严重，护坡破坏长度约 50m	图 3-3、图 3-4
6	环镇西路与上塘河交汇处，环镇西桥		护岸完整	
7	虹桥，昌亭桥	浆砌石	护岸完整，沿岸有船只停靠，有居民在船只上生活	
8	环镇东路与上塘河交汇处，大洋桥		大洋桥西侧护岸局部破损；东侧桥头护岸发生 4m 左右坍塌	图 3-5、图 3-6

续表

序号	地　　点	工程型护岸类型	现状描述	备注
9	S101 线与上塘河交汇处，龙安大桥	左岸浆砌石；右岸混凝土	护岸完整	
10	之江路与上塘河交汇处，石井桥		护岸完整，石井桥西侧左岸为工厂厂房，右岸是工业园绿化	图 3-2
11	春富庵桥	浆砌石	护岸完整	
12	城河塘与上塘河交汇		护岸完整，有钓鱼台	
13	寿宁桥	左岸浆砌石；右岸混凝土	护岸完整，植物生长茂盛	

图 3-1　人民桥护岸现状

图 3-2　石井桥护岸现状

图 3-3　杨渡桥北侧护岸现状

图 3-4　杨渡桥桥头护岸现状

图 3-5 大洋桥护岸现状（局部破损）

图 3-6 大洋桥护岸现状（局部坍塌）

3.2.1.2 污染源调查

根据《生活源产排污系数及使用说明》（2010 年修订版），结合该地区实际情况，确定各乡镇（街道）城镇生活污染源排放量。方案实施范围内乡镇化学需氧量、氨氮、总氮和总磷的排放量分别为 4246.59t/a、529.37t/a、750.43t/a 和 63.4t/a。

调查范围为河道两岸 200m，支流纵深 500m 范围，支流两岸 200m。

1. 涉河工矿企业概况

上塘河流经许村镇、长安镇（高新区）、周王庙镇和盐官镇。沿河企业排水已经全部纳入管理，主要分布情况见表 3-19。沿河主要污染行业情况见表 3-20。

表 3-19　　　　　　　　　上塘河沿河涉排企业统计表

序号	名　　　称	位　　　置	行业类型
1	浙江凯悦纺织有限公司	上塘河与 S101 线交汇西侧 650m	纺织
2	嘉兴电力局 220kV 连杭变电所	X712 科天线公路与上塘河交汇处	热电
3	新恒隆不锈钢制品有限公司	桑州路与上塘河交汇处	钢材
4	海宁市锦盛制塑有限公司	苏绍高速与上塘河交汇处	化工
5	海宁联足实业有限公司	春富庵桥东南 150m	橡胶
6	海宁彩源母料有限公司	春富庵桥东南 200m	化工
7	海宁中宇环保机械厂	春富庵桥东南 200m	机械
8	海宁瑞德机械有限公司	春富庵桥东南 300m	
9	海宁恒盛皮革有限公司	海宁市长安镇环镇东路 27 号	制革

序号	名 称	位 置	行业类型
10	廖氏指甲钳厂	观潮胜地5km处，距沪杭甬高速公路长安镇出口2km	五金
11	海宁金升布业有限公司		
12	许村名利居家纺（个体）		
13	许村金帝压花厂（个体）		
14	许村百威纺织（个体）		
15	海宁三宝纺织有限公司		
16	海宁市裕源纺织有限公司		
17	海宁市佶俐纱线有限公司		
18	汤立新纺织厂		纺织
19	海宁市欧莱特纺织品有限公司		
20	海宁市远鑫纺织品有限公司		
21	海宁市许村华达纺织品有限公司		
22	海宁市许村镇哲鑫棉纺厂		
23	海宁三隆纺织厂		
24	海宁市金伯利纺织有限公司		
25	海宁市晴彩巴厘纺织有限公司		
26	海宁市沈士建材有限公司		
27	浙江鸿翔许桥建材有限公司		
28	李灵付水泥砖厂		建材
29	许村镇锋杰水泥预制构件厂		
30	海宁市许村镇京杭木门加工厂		

表3-20　　　　　　上塘河沿河主要污染行业情况表

序号	流径镇	主要污染行业	主要园区
1	许村镇	纺织、建材	—
2	长安镇（高新区）	印染、化工、制革、印刷包装、热电	高新技术产业区
3	周王庙镇	制革	—
4	盐官镇	机电	五金机电产业园

　　根据"五水共治"的要求，2017年上塘河西段长安镇已完成整治沿线200m范围内各类污染企业共2家，分别是海宁恒盛皮革有限公司和廖氏指甲钳厂，分属制革和五金行业。海宁恒盛皮革有限公司办公室地址位于海宁市长安

镇环镇东路 27 号，主要经营猪皮鞋里革、反绒革。廖氏指甲钳厂距沪杭甬高速公路长安镇出口 2km，已有二十多年生产历史。

2017 年许村镇已完成整治沿线 200m 范围内各类污染企业共 20 家。

2. 农林牧渔业概况

河道两岸周边共有耕地 4080 亩，主要种植水稻、小麦，另有外塘甲鱼 70 亩。上塘河西段长安镇沿河 12 家养猪场，目前已全部关停。上塘河西段两岸无林地。沿河作物农药使用情况见表 3-21。

表 3-21   上塘河沿河作物农药使用情况

所 属 市	作 物 类 型	规模/亩	备 注
海宁市	苗木、水稻	700	

3. 涉水第三产业概况

统计海宁市企业取水口情况见表 3-22。

表 3-22   上塘河取水口基本信息调查表

序号	取水单位名称	取水许可证编号	取水量		计量装置类型	许可证发放时间/（年.月.日）	有效截止日期/（年.月.日）	备注
			批准年取水量/万 m³	2016 年实际取水量/万 m³				
1	海宁瑞德机械有限公司	—	—	—	—	—	—	图 3-7
2	中宇环保机械厂	—	—	—	—	—	—	图 3-8
3	海宁联足实业有限公司	取水（浙海水）字〔2014〕第 003 号	5	1.80	电磁流量计	2014.8.1	2020.12.31	图 3-9
4	海宁彩源母料有限公司	取水（浙海水）字〔2016〕第 066 号	2	—	智能水表	2016.1.1	2020.12.31	图 3-8

长安镇沿河调查范围内共有餐饮企业 1 家，其污水排放已全部纳入污水管网，其余河段沿河无餐饮业。许村镇内沿河调查范围内共有餐饮企业 2 家。其中，夜宵店 1 家；烧饼店 1 家。目前夜宵店污水排放已纳入污水管网；烧饼店未做污水处理，拟于 2017 年拆迁完毕。上塘河西段杨渡村段有小吃店 3 家，农副产品市场 1 家，污水排放已全部纳入污水管网，其余河段沿河无餐饮业。

图3-7　海宁瑞德机械有限公司取水口现状　　图3-8　彩源母料、中宇环保机械厂取水口现状

4. 污水处理概况

长安镇对上塘河200m范围内的6个村225户农户开展的生活污水集中治理，2014年完成141户，2015年完成84户；各支流河道200m范围内涉及5个村1035户的农村生活污水集中治理，其中，2014年完成499户。

农村生活污水处理设施1383处，其中纳管901处，生态池处理482处，处理率95%以上，受益农户达1800户。城镇污水

图3-9　联足实业有限公司取水口现状

处理方面，2016年已完成辛江区块、集镇区块、镇政府区块、丽景家园、新民街区块雨污分流工程。

许村镇境内农村生活污水处理设施65处，其中纳管41处，生态池处理24处，处理率在95%以上，受益农户达2557户。

5. 农业用水概况

区域内有灌溉面积4080亩，主要种植作物为水稻、小麦，渠系利用系数为0.85。

3.2.1.3　涉河（沿河）构筑物调查

上塘河沿河有道桥27座，水闸（闸站）79座，堤防长46.74km。

　　上塘河西段主要有长安村翻水站和许村翻水站 2 座，长安村段的翻水站在崇长港靠近上塘河处，许村段的翻水站在泥坝桥港和上塘河交界处。上塘河流域设翻水管理站 1 座。2 座翻水站近 5 年平均翻水量约为 2300 万 m³/a，翻水站年运行天数约为 50d。有许村和长安船闸 2 座，长安船闸在长安翻水站旁，许村船闸在许村翻水站旁。除此之外在上塘河西段长安镇区域内有涉河构筑物排水口 94 个、取水口 3 个、道桥 10 座，水闸 8 座，堤防 14km；许村镇区域内有涉河构筑物排水口 130 个、道桥 10 座、水闸 11 座，堤防 14.938km。

　　上塘河典型桥梁水闸现状见表 3-23。

表 3-23　　　　　　　　　　上塘河典型桥梁水闸现状

序号	地　点	项目	现状描述	备　注
1	团结公路与上塘河交汇处	人民桥	1999 年改建	
2	大桥路与上塘河交汇处	许村大桥	2008 年改建	水质断面监测点
3	X712 科天线公路与上塘河交汇处	报国桥	2017 年改建	
4	上塘河与崇长线交汇处	昌亭桥、虹桥	虹桥年限久，拱桥，全国重点文物保护单位；昌亭桥是水闸加交通桥	图 3-10
5	上塘河与崇长线交汇处	长安船闸上闸	上闸、下闸双闸	图 3-11
6	崇长港与上塘河交汇处	李家井排涝闸	2002 年改建	图 3-12
7	之江路与上塘河交汇处	石井桥	1999 年改建	
8	苏绍高速与上塘河交汇处	圣帝殿桥（老桥）	拱桥，接钱塘江隧道高速，老桥已废弃	图 3-13
9	苏绍高速与上塘河交汇处	圣帝殿桥	钢架桥，施工临时桥	图 3-14
10	新塘河与上塘河交汇处	上河闸	国控断面	水质监测断面，图 3-15

图 3-10　昌亭桥、虹桥现状

图 3-11　长安船闸上闸现状

图 3-12　李家井排涝闸现状

图 3-13　圣帝殿桥（老桥）现状

图 3-14　圣帝殿桥现状

图 3-15　上河闸现状

海宁市上塘河流域翻水管理站位于上塘河支流吴家桥港和环镇东路交叉处，如图 3-16 所示。

许村航管站位于大桥路与上塘河交汇处，上塘河与西斜港交汇处，如图 3-17 所示。

图 3-16　海宁市上塘河流域翻水管理站现状

图 3-17　许村航管站现状

3.2.1.4　饮用水水源及供水概况

区域内无集中式饮用水水源地。

3.2.1.5　水环境质量调查

1. 市控以上断面水质调查

嘉兴市生态环境局对市控以上 73 个断面进行水质监测，其中，上塘河有 3 个水质监测断面，含市控断面 2 个（许村大桥、水泥厂大桥），国控断面 1 个（上塘河排涝闸），见表 3-24。市控以上地表水水质详情见表 3-25。

表 3-24　　　　　　　　市控以上地表水水质类别情况

所在区县	河流名称	断面名称	功能类别/类	控制级别	1—4月水质类别/类	5月水质类别/类	6月水质类别/类
海宁市	上塘河	许村大桥	Ⅳ	市控	Ⅴ	Ⅴ	Ⅴ
		水泥厂大桥	Ⅳ	市控	Ⅳ	Ⅴ	Ⅴ
		上塘河排涝闸	Ⅳ	国控	Ⅴ	Ⅴ	Ⅴ

表 3-25　　　　　　　市控以上地表水水质详情（2017 年 1—6 月）

名称	功能类别/类	ITEM	溶解氧/(mg·L⁻¹)	高锰酸盐/(mg·L⁻¹)	BOD₅/(mg·L⁻¹)	氨氮/(mg·L⁻¹)	石油类/(μg·L⁻¹)	氟化物/(mg·L⁻¹)	总磷/(mg·L⁻¹)	COD_Cr/(mg·L⁻¹)
许村大桥	Ⅴ	平均值	7.45	6.39	4.70	1.65	7	0.37	0.295	30.27
		均值类别	Ⅱ	Ⅳ	Ⅳ	Ⅴ	Ⅰ	Ⅰ	Ⅳ	Ⅴ
水泥厂大桥	Ⅳ	平均值	7.38	5.96	4.18	1.34	8	0.36	0.277	23.10
		均值类别	Ⅱ	Ⅲ	Ⅳ	Ⅳ	Ⅰ	Ⅰ	Ⅳ	Ⅳ
上塘河排涝	Ⅴ	平均值	12.60	7.05	6.02	0.29	16	0.39	0.266	26.25
		均值类别	Ⅰ	Ⅳ	Ⅱ	Ⅰ	Ⅰ	Ⅰ	Ⅳ	Ⅳ

2. 水功能区水质调查

浙江省水环境监测中心嘉兴分中心对嘉兴市的主要河道及水功能区进行了水质水量同步监测，沿线 3 个水质监测断面均值为Ⅴ类，水功能区目标水质为Ⅳ类，未达标，影响水质的主要污染物为高锰酸盐、氨氮、总磷，主要超标因子是氨氮，见表 3-26～表 3-28。

表 3 - 26　　　　　　　　上塘河许村大桥水质监测情况　　　　　　　　单位：mg/L

监测指标	2017 年 4 月	2016 年 4 月	2017 年 1—4 月	2016 年 1—4 月
高锰酸盐指数	6.31	6.00	6.48	6.41
氨氮	1.51	2.24	1.57	2.22
总磷	0.289	0.296	0.247	0.278
水质评价/类	V	劣 V	V	劣 V

表 3 - 27　　　　　　　上塘河长安龙安大桥水质监测情况　　　　　　　单位：mg/L

监测指标	2017 年 4 月	2016 年 4 月	2017 年 1—4 月	2016 年 1—4 月
高锰酸盐指数	8.13	5.41	6.20	6.31
氨氮	1.52	1.53	1.45	1.70
总磷	0.245	0.172	0.214	0.224
水质评价/类	V	V	IV	V

表 3 - 28　　　　　　上塘河周王庙水泥厂桥水质监测情况　　　　　　单位：mg/L

监测指标	2017 年 4 月	2016 年 4 月	2017 年 1—4 月	2016 年 1—4 月
高锰酸盐指数	8.09	6.27	6.58	6.64
氨氮	1.21	1.64	1.59	1.85
总磷	0.360	0.188	0.252	0.268
水质评价/类	V	V	V	V

　　针对河道水质不理想的现状，采取种植生态绿植、拦截带截污等净化措施，如图 3-18、图 3-19 所示。

图 3-18　种植生态绿植净化措施

图 3-19　拦截带拦截净化措施

3.2.2   问题分析

3.2.2.1   水污染较为严重

上塘河水质总体较差。2017 年 4 月,浙江省水环境监测中心嘉兴分中心对该河水功能区的 3 个断面(许村大桥、龙安大桥、水泥厂桥)进行水质监测,监测结果为 Ⅴ 类。2017 年 6 月嘉兴市生态环境局对上塘河沿线 3 个市控及以上断面(许村大桥、水泥厂桥、上河闸)进行水质监测,监测结果为 Ⅴ 类。水功能区目标水质类别为 Ⅳ 类,均未达标。

1. 造成水环境污染的客观原因

(1)平原河网区水流缓慢地势平坦,水体流动性较差,污染物容易累积。

(2)水面淤积,河道水面积减少,排泄能力不足。实施范围内长期以来很多河道被填埋、束窄和断流,水系不通,水流不畅,换水困难,导致河道淤堵,排泄能力不足,水质恶化,污染物积累。

(3)河网密布,水体流向交错复杂,部分河段水流方向不稳定,治理难度高。实施范围属太湖流域杭嘉湖平原水网地区,平原被纵横交错的塘浦河渠所分割,水体流向纵横交错,河道下游连接钱塘江,受潮汐影响 1 天之内正逆流向变化明显。

(4)水质性缺水与水源性缺水并存。

2. 造成水环境污染的主观原因

(1)工业产业结构性、布局性污染问题突出。

1)工业企业数量多,污水处理厂负荷无法满足要求。

2)企业布局分散,需进行整合。

3)传统行业污染严重,减排任务艰巨。

4)随着城市化率、消费水平的提高,城镇生活污染物产生量持续增加。

沿河工厂、工业区现状如图 3-20 和图 3-21 所示。

(2)农村面源污染严重。

1)存在违规水产养殖及捕鱼现象如图 3-22 和图 3-23 所示。

2)沿河村落民宅较多,部分生活污水、生活垃圾入河,如图 3-24 和图 3-25 所示。

(3)环境监管能力仍需加强。

图 3-20　沿河工厂现状

图 3-21　沿河工业区现状

图 3-22　违规水产养殖的废弃渔网

图 3-23　违规捕鱼

图 3-24　生活污水入河

图 3-25　生活垃圾入河

3.2.2.2　污染源仍需整治

污染源未得到有效控制，水质污染风险依然较大。由于城市发展节奏快，人口增加，城镇生活污染物产生量增加；加之输水管道长，污水管网存在一定程度的雨污混接、错接现象，导致旱季时污水进入河道，从而对水系造成污染。现有城镇污水处理厂已无法满足日益增大的排污处理需求。

由于采取了纳管进厂、连片整治和联户单户分散处理等多种措施，农村生活污染问题得到很大改善，但部分地方存在着重建设轻管理的现象，长效管理体制不健全，导致生活污水收集、处置设施无法发挥效益。农业面源污染也不容忽视，农药使用超标；水产养殖的大量排污都严重影响河道水质。COD_{Cr}、总磷、氨氮、高锰酸钾、BOD_5 是主要超标污染物，其中，城镇生活污染源、农村生活污染源和农业种植污染源是总磷污染物的主要来源。

3.2.2.3　水资源保护工作需进一步深入

水质性缺水与水源性缺水并存。一方面，实施范围地处太湖流域下流，由于上游客水水质不佳、区域内清水产流少且自净能力不足，地表水体污染严重，海宁市境内河流的水质普遍处于Ⅳ～Ⅴ类，有的甚至为劣Ⅴ类；另一方面，实施范围虽然位于杭嘉湖平原水乡，但长期以来由于河床抬高，遇到水量少的干旱枯水年份，嘉兴市人均水资源占有量偏低。

3.2.2.4　岸线保护仍需加强

根据海宁市河道、湖泊岸线现状及水域水质污染情况，结合《海宁市河道管理办法》及《嘉兴市河道管理办法》等相关规定，上塘河西段岸线保护范围为河口线向两岸各延伸 15m 范围，目前已划定的管理范围和保护范围的水利工程包括长安翻水站和许村翻水站等。

（1）长安翻水站。①管理范围：前池进水口外 25m，其余侧到围墙；②保护范围：管理范围向外延伸 5m。

（2）许村翻水站。①管理范围：有围墙的以围墙为界，没有围墙的以最外侧建筑边界外延伸 3m；②保护范围：管理范围向外延伸 5m。

但在保护范围内，仍有不符合规定的堆放场所及侵占水域现象。在上塘河西段进行现场调查时发现有渔网、钓鱼台侵占水域（图 3 - 26）、彩钢房临河搭建等现象存在，如图 3 - 26 和图 3 - 27 所示。

3.2.2.5　河长制职责需明确

上塘河河长制职责为切实履行日常监督管理职责，协调推进河道的综合治

图 3-26　渔网、钓鱼台侵占水域

图 3-27　彩钢房临河搭建

理及河道日常保洁清淤维护养护工作，严格落实投诉举报受理、重点项目协调推进、监督指导、例会和报告等各项制度，市级河长巡河不少于半月1次。

目前，盐官下河沿线"河长制"公示牌均已建立，例如海宁市上塘河西段、上塘河东段"河长制"公示牌如图 3-28 和图 3-29 所示。

图 3-28　海宁市上塘河西段"河长制"公示牌

图 3-29　海宁市上塘河东段"河长制"公示牌

沿岸排水口大多已经建立标识牌如图 3-30 所示，但也存在部分未建立排水口标识牌的情况如图 3-31～图 3-33 所示。

3.2.2.6　水生态修复工作需要重视

区域内大部分河段均已实现河道护岸，干流河道主要采用浆砌石护堤护岸，绝大部分的水土流失问题已基本得到控制。但由于海宁地区属长江中下游平原地区，排水不畅、水流缓慢、交换能力差，自净能力有限，河道浑浊度高，透明度低，光线无法透入河道水体，且水中溶解氧含量很低，部分河段含氧量低至 1.5mg/L 以下，导致水底水生生物减少，尤其是沉水性植物减少，除沿岸部分

图 3-30 排水口标识牌

图 3-31 无标识牌排水口（一）

图 3-32 无标识牌排水口（二）

图 3-33 无标识牌排水口（三）

浅水区外河道中沉水性植物几乎绝迹。加之违法捕捞等现象严重，组成水生态的微生物体系、植物体系和动物体系遭到严重破坏，导致水体自净能力下降，水生态修复亟待解决。

3.2.2.7 支流淤积问题刻不容缓

由于上塘河西段地区水网属于沿海高区，常通过运河水系翻水进行补水和翻水排涝入钱塘江。整体水网对区域外交互性和流动性均较差，水流流速较低，流向不确定。支流部分区域存在着水土流失问题和淤积问题，多条支流未实现护岸护堤，有些支流紧邻农田，雨水冲刷不仅容易造成水土流失，而且容易将农田中的有机污染物直接冲入支流，并对干流造成一定的影响。为了加强维护干流水质，对支流的环境治理也是刻不容缓的。如长安镇内的天明港河段淤积严重，淤积量为 2.86 万 m³；许村镇内的支流东斜港和运盐河河段淤积严重，淤积量为 6.38 万 m³ 和 5.5 万 m³。上塘河支流清淤计划见表 3-29。

表 3-29 上塘河支流河段清淤计划表（2017—2020 年）

序号	河道名称	淤积河段（起止点）	所在乡镇	淤积量/万 m³	实施时间/年	清污（淤）河段长度/m	平均清淤厚度/m	清淤量/万 m³	污（淤）泥处置方式
1	报国寺港	上塘河—高速公路		1.20		1200	1.5	1.20	
2	状元坝港	上塘河—高铁站		1.21	2017	1100	1.6	1.21	
3	东斜港	上塘河—长安界		6.38		6200	1.4	6.38	
4	运盐河	运输河—新塘河		5.50		5500	1.4	5.50	
5	跃进河	运盐河—东斜港		1.62	2018	1800	1.3	1.62	
6	白龙港	运输河—白龙潭机站	许村镇	4.08		3400	1.4	4.08	自然堆填固结
7	凌家港	上塘河—老东界		2.16		2400	1.3	2.16	
8	陆野毛洞港	坝头港—凌家港		1.12	2019	1400	1.3	1.12	
9	朱家河	运输河—花园路		0.63		900	1.2	0.63	
10	运石河	运输河—祥福寺		1.84		2300	1.2	1.84	
11	陈家桥浜	上塘河—农科院基地		0.40		500	1.2	0.40	
12	西汤门浜	上塘河—西汤门		0.40	2020	500	1.2	0.40	
13	尹家洞港	上塘河—尹家洞水闸		1.35		1500	1.2	1.35	
14	黄安桥港	姚家水闸—海王界		3.50		3500	1.2	3.50	
15	骆家河	东斜港—运输河		3.20		3200	1.3	3.20	
16	天明港	上塘河—化坐港	长安镇	2.86	2017	3580	1.3	2.86	肥田
17	联合港	坝头港—东		0.24		240	1.1	0.24	
18	长板桥港	庙桥港—西		2.50		500	2.0	2.50	
19	九字浜	青莲桥港—西		0.40		444	1.2	0.40	

续表

序号	河道名称	淤积河段（起止点）	所在乡镇	淤积量 /万 m³	实施时间 /年	清污（淤）河段长度 /m	平均清淤厚度 /m	清淤量 /万 m³	污（淤）泥处置方式
20	横河浜	姚家湔港—西	长安镇	0.24	2017	300	1.0	0.24	肥田
21	西田港	上塘河—南		0.58	2019	900	1.0	0.58	
22	天灯港	坝头港—西		0.50		780	1.0	0.50	
23	杜家弄浜	庙桥港—东		0.45		750	1.0	0.45	
24	石灰港	上塘河—褚石横港		0.99		1650	1.0	0.99	
25	曹家港	青莲桥港—东		0.27		450	1.0	0.27	
26	朱口洞港	沈家坝港—上塘河		1.40	2020	2100	1.2	1.40	
27	北上河	青莲桥港—东		0.23	2019	525	1.0	0.23	
28	运动河	上塘河—新塘河		3.30	2020	3325	1.0	3.30	
29	长川港	上塘河—石井村 15 组	周王庙镇	0.95	2017	950	1.0	0.95	自然堆填固结
30	金星港	上塘河—石井村 14 组		0.96		960	1.0	0.96	
31	圣帝殿港	上塘河—戴家亭子		2.80	2018	2850	1.0	2.80	
32	尹墅庙港	上塘河—民谊机站		0.80		1000	0.8	0.80	
33	中出盐港	石井村 14—19 组		0.50	2017	500	1.0	0.50	肥田
34	西出盐港支浜 1	胡斗村 16 组—西出盐港		0.74	2019	530	1.4	0.74	
35	西出盐港支浜	胡斗村 16 组—西出盐港		0.21		150	1.4	0.21	
36	西出盐港	胡斗村 3—16 组		2.05	2020	1465	1.4	2.05	
37	春富支港	广福村 13—11 组	盐官镇	0.40	2017	620	0.8	0.40	自然堆填固结
38	运动港	宁郭塘—上塘河		0.64	2020	1000	0.8	0.64	
合计				58.60		60969		58.60	

3.2.2.8 执法监管能力有待提升

基层执法监管人员配置不足，导致环境监管监测能力相对薄弱、应急能力严重不足，管理体系亟须从常规管理向风险管理转变。"十三五"期间上塘河执法监管的重点在于监管能力的建设，组建专业监管队伍，配套相应监管设施、设备，完善监管体制和程序。河道管理范围内仍存在违法违章构筑物的搭建、非法排污、设障、捕捞、养殖、侵占水域岸线等现象。

2014年上塘河西段长安镇内存在违建构筑物20处，许村镇内存在违建构筑物5处。河上船屋居住的居民，存在排放生活污水、违法捕捞等现象，破坏了河流生态环境。政府部门应加大宣传力度，增强居民的环境保护意识，严禁破坏河道环境，争取做到全民治水护水。同时，相关部门加强执法监管，对违法违章堆建行为将进行严厉处罚。

3.2.3 治理目标

目前，上塘河控制单元水质已基本控制到Ⅴ类，根据水质现状及趋势分析，影响水质的主要污染物为高锰酸盐指数、氨氮、总磷和总氮。因此，水环境综合整治应以进一步改善水质为核心，以考核断面水质达标为目标，水质改善以氮、磷营养盐控制为主。其治理措施应坚持产业结构调整，源头减排、截污治污工程减排，流域生态修复、综合管理为主，大幅削减入河污染负荷，逐步改善水生态系统。同时，严厉打击侵占水域、非法采砂、乱弃渣土等违法行为，加大涉水违建拆除力度，做到河道管理范围内基本无违建，县级河道管理范围内无新增违建，基本建成河湖健康保障体系和管理机制，实现河湖水域不萎缩、功能不衰减、生态不退化。

截至2017年，已全面改善及提升劣Ⅴ类水体。预计到2030年，断面水质将继续改善，水质提升至Ⅳ类。上塘河水功能区划分单元明细见表3－30。

表3－30　　　　　　　　上塘河水功能区划分单元明细

名　　称	级别	功能区类别	起始断面	终止断面	长度面积/(km·km^{-2})	现状水质/类	目标水质/类
上塘河海宁农业、工业用水区	国家级	工业用水区	余杭—海宁交界	盐官镇	22	Ⅴ	Ⅳ

强化污泥处置管理，对污水处理设施产生的污泥实行稳定化、无害化和资

源化处理，对非法污泥堆放点一律予以取缔。到 2020 年污泥无害化处理处置率达到 95％以上。

通过全面深化河长制水利工作，到 2017 年年底，海宁市河道实现全境、全流域消灭劣Ⅴ类水质；海宁市年用水总量控制在 3.5122 亿 m³ 以内，万元 GDP 用水量下降率达到 9.2％；农田灌溉水有效利用系数达到 0.6576。计划到 2020 年，海宁市年用水总量控制在 3.8422 亿 m³ 以内，万元 GDP 用水量不超过 22％；保持河流、湖泊、池塘等各类水域水体洁净，实现环境整洁优美、水清岸绿，打造"江南水乡典范"先行试验区。

在全面落实控源截污环境整治基础上，通过"以清释污、以动制静、以通替阻"等具体治水措施，充分发挥现有水利工程设施效益，积极打造立体绿色生态河道，实现"水环境面貌更加改善、行洪排涝更加顺畅、水利设施更加可控、水体流动更加经常、生态系统更加完善"的工作目标。

大力推进河湖管理范围划界工作，明确管理界线，严格涉河涉湖活动的社会管理。开展水域占补平衡清算工作，严禁以各种名义侵占水域，对岸"线乱占滥用""多占少用""占而不用"等突出问题开展清理整治，恢复河湖水域岸线生态功能。

预计 2020 年，上塘河功能区水质达标率提高到 37.5％以上，即地表水省控断面达到或优于Ⅲ类水质比例达到 37.5％以上；区域内水利工程全部达到标准化管理；全面清除河湖库塘污泥，有效清除存量淤泥，建立轮疏工作机制；严厉打击侵占水域、非法采砂、乱弃渣土等违法行为，加大涉水违建拆除力度，实现省级、市级河道管理范围内基本无违建，县级河道管理范围内无新增违建，基本建成河湖健康保障体系和管理机制，实现河湖水域不萎缩、功能不衰减、生态不退化。

科学实施活水工程，加大水体流动性，在确保河道总体水量稳定、交界断面水质不受影响的前提下，统筹制定上塘河西段及周边水体调水方案，提高河道流速。2017 年已完成上塘河流域生态调水水量 5600 万 m³。

3.2.4   主要任务

3.2.4.1   水资源保护

实行水资源消耗总量和强度双控制，强化水资源承载能力刚性约束，全面

推进节水型社会建设，促进经济发展方式和用水方式的转变。突出对高耗水和重点取水户的全过程监督管理，严格执行用水定额标准、鼓励循环用水，强化计划用水管理；深化农业节水管理、推进农业取水许可，实施农业用水计量考核；大力推进大中型灌区续建配套和节水改造，加快重点小型灌区节水改造，完善农田灌排体系。建立健全区域用水总量控制、计划用水管理、水资源论证与取水许可审批等节水管理制度，加强水资源用途管制和合同节水，积极探索创新水权交易模式，逐步完善水资源配置和监管体系。

1. 水功能区监督管理

加强水功能区水质监测和水质达标考核，定期向政府和有关部门通报水功能区水质状况。发现重点污染物排放总量超过控制指标的，或水功能区的水质未达标的，应及时向当地政府报告，并采取治理措施，向环保部门通报。

2. 饮用水水源保护

区域内无饮用水水源地。

3. 河湖生态流量保障

完善水量调度方案，合理安排闸坝下泄水量和泄流时段，研究确定河道控制断面生态流量，维持河湖基本生态用水需求，重点保障枯水期河道生态基流。生态用水短缺的地区积极实施中水回用，增加河道生态流量。

3.2.4.2 水域岸线管理保护

1. 河湖管理范围划界工作

根据《水利部关于开展河湖管理范围和水利工程管理与保护范围划定工作的通知》（水建管〔2014〕285号）、《水利部办公厅关于印发〈河湖管理范围和水利工程管理与保护范围划定工作实施方案编制大纲〉的通知》（办建管〔2015〕59号）的要求，以《浙江省水利工程安全管理条例》（2008年）、《浙江省水利厅关于进一步做好水利工程管理与保护范围划定工作的通知》（浙水科〔2016〕6号）、《浙江省河道管理条例》等相关法规和技术标准为依据，准确划定杭嘉湖南排工程水利工程的管理与保护范围，明确管理界线，推进建立范围明确、权属清晰、责任落实的管理与保护责任体系，水利工程管理和保护范围划定工作的基本原则如下：

（1）依据法规、科学合理原则。水利工程划界以有关法律法规、规范性文件、技术标准和工程立项审批文件为依据，依法依规、科学合理的开展划界确权实施工作。

（2）以人为本、因地制宜原则。划界应结合居民分布情况，兼顾规划布局及工程周边区域特色，在不影响水域功能的前提下，可适当调整水域形态，同时按照节约利用土地、符合水利工程管理与保护实际的要求，尊重历史、考虑现实，因地制宜确定划界原则和标准。

（3）便于操作、具备可控原则。划界成果是管理水利工程的基本依据，也是主管单位对水库实施有效管理的前提，所以划界的成果应具有便于操作和具备可控的原则。

（4）分级负责、协调一致原则。杭嘉湖南排工程划界应加强与市域总体规划及乡镇规划中的土地利用规划相协调与衔接，地方管理的水利工程由地方水行政主管部门负责，水利部和流域机构予以指导督促，以便于划界实施与工程管理。

（5）组织协调、公共参与原则。杭嘉湖南排工程划界涉及多个行政管理部门，应在划界过程中加强各部门间的沟通和协调，推进划界工作的有效、顺利和高效进行，同时划界方案应征求当地政府和相关部门的意见和建议。

划界标准见表 3-31。

表 3-31   划 界 标 准

水利工程	参考条例	划 界 范 围
中型水闸	《浙江省水利工程管理条例》（2008 年）	（1）中型水闸的管理范围为水闸上、下游河道各 100～250m，水闸左右侧边墩翼墙外各 25～100m 的地带；按征用红线划定。 （2）保护范围为管理范围以外 20m 内的地带；设定 20m
大型水闸		（1）大型水闸的管理范围为水闸上、下游河道各 200～500m，水闸左右侧边墩翼墙外各 50～200m 的地带。 （2）保护范围为管理范围以外 20m 内的地带
堤防		堤防的管理范围按土地征用红线划定。无征用的按 5m 划定。堤防的保护范围为护堤地以外的 3～10m 内的地带；设定 5m
泵站	《浙江省水利厅关于进一步做好水利工程管理与保护范围划定工作的通知》（浙水科〔2016〕6 号）	（1）大型泵站的管理范围为前池进水口外 50m，降压站泵房四周 50m 地带。 （2）中型泵站的管理范围为前池进水口外 25m，降压站泵房四周 25m 地带。 （3）小型泵站的管理范围为前池进水口外 20m，降压站泵房四周 20m 地带。 （4）保护范围为管理范围外 20m 以内的范围

2017 年完成市级河道上塘河（海宁段）河道的管理范围，盐官镇、周王庙

镇、长安镇、许村镇涉河水利工程管理与保护范围划定工作，堤防等级4级，防洪设计标准为20年一遇，并设立界桩等标识，明确管理界线，严格涉河湖活动的社会管理。

2. 水域岸线管保护工作要求

开展上塘河（海宁段）的岸线利用规划编制工作，科学划分岸线功能区，严格河湖生态空间管控。

3. 标准化创建

加快推进河湖及水利工程标准化管理工作，密切联系相关部门共同完善上塘河标准化管理系统建设。嘉兴市杭嘉湖南排工程海宁河道管理站创标补充岗位人员应积极开展对于上塘河河道堤防工程检查、工程观测、养维修护、安全监测、应急管理、档案管理、信息化管理、物业化管理等工作。

开展水利工程标准化管理是海宁市水利部门强化运行管理的首要举措。根据《海宁市2016年度水利工程标准化管理实施计划》，上塘河流域中型灌区10个引排水骨干工程围绕全面实现水利工程标准化管理的"制度化、专业化、信息化、景观化"的总体要求，开展工程划界限权、标识标牌设置、各类制度手册和操作手册的编制、工程外观改造和信息化建设等各项工作。同时，在日常的运行管理中，按照制度手册和操作手册进行标准化管理，实现硬实力和软实力两手抓。目前，上塘河中型灌区（市管引排骨干工程）和长安翻水站顺利通过了嘉兴市级水利工程标准化管理验收。

加快水利工程物业化管理进程是有利于发挥水利运行效益的大趋势。为此，海宁市积极探索"管养分离"，旨在通过市场竞争，发挥市场资源配置的优势，降低水利工程运行管理和维修养护的成本，并提高运行管理效率。截至2017年1月，海宁市上塘河中型灌区10个引排水骨干工程中，已通过政府购买服务的方式委托市场专业水管单位进行物业化管理的有5个；正在开展招投标工作的有1个；尚未外包站点的卫生保洁和绿化养护已委托物业化管理的有4个。

为了加快推进河湖及水利工程标准化管理工作，2016年长安镇完成了崇长港大闸水利工程标准化管理创建工作1项，目前成效明显。2016年许村镇完成了上塘河沿线许巷圩区水利工程标准化管理创建工作1项，目前成效明显。

3.2.4.3 水污染防治

针对重污染的黑臭河流和上塘河许村大桥断面劣Ⅴ类水体，制定市控以上劣 V 类水质断面整治计划，以消除重污染水体为核心目标，实施污染整治和生态修复。

1. 工业污染治理

（1）大力开展制革、纺织印染行业的整治，提出防止水污染的治理措施，建立长效监管机制。

（2）着力解决辖区内沿河两岸的氮肥、农副食品加工等行业的污染问题。

（3）全面排查装备水平低、环保设施差的小型工业企业，标注污染隐患等级，引导转型升级，实施重点监控。

（4）开展对水环境影响较大的"低、小、散"落后企业、加工点、作坊等的专项整治工作。

（5）切实做好危险废物和污泥处置监管，建立危险废物和污泥产生、运输、储存、处置全过程监管体系。

（6）开展河湖库塘清淤（污）工程。集中治理工业集聚区水污染，对沿岸的各类工业集聚区开展以下专项污染治理：

1）集聚区内工业废水必须经过预处理，达到集中处理要求后方可进入污水集中处理设施。

2）新建、升级工业集聚区应同步规划、建设污水、垃圾和危险废物集中处理等污染治理设施。

3）2020 年年底前，对无法落实危险废物出路的工业集聚区应按要求建成危险废物集中处置设施，安装监控设备，实现集聚区危险废物的"自产自销"。

2017 年许村镇制定出台了《许村镇工业区危险废物处置管理规定》。实施重点水污染行业废水深度处理。对沿岸的重点水污染行业制订废水处理及排放规定，各厂制订"一厂一策"，行业主管部门在深度排查的基础上建立管理台账，实施高密度检查，明确各项治理和防控措施落实到位，严管重罚，杜绝重污染行业废水未经处理或未达标排放河道。

2017 年许村镇制定出台了《纺织行业企业重点水污染行业废水处理规定》。

2. 城镇生活污染治理

制订实施沿岸城镇污水处理厂新改建、配套管网建设、污水泵站建设、污水处理厂提标改造、污水处理厂中水回用等设施建设和改造计划。积极推进雨

污分流、全面封堵沿河违法排污口，积极创造条件，排污企业尽可能实现纳管。对未纳管直接排河的服务业、个体工商户，提出纳管或达标的整改计划，推进城镇污水处理厂改建工作：

（1）实施城镇污水处理设施建设与提标改造，以城镇一级 A 标准排放要求做好新建污水处理厂建设和老厂技术改造提升。

（2）到 2020 年，县级以上城市建成区污水应基本实现全收集、全处理、全达标。对照目标，按河道范围和年度目标分解任务，制订建成区污水收集、处理及出水水质目标，并建立和完善污水处理设施第三方运营机制。

（3）做好进出水监管，有效提高城镇污水处理厂出厂水达标率；做好城镇排水与污水收集管网的日常养护工作，提高养护技术装备水平。

（4）全面实施城镇污水排入排水管网许可制度，依法核发排水许可证，切实做好对排水户污水排放的监管。

（5）工业企业等排水户应当按照国家和地方有关规定向城镇污水管网排放污水，并符合排水许可证要求，否则不得将污水排入城镇污水管网。同时，应做好以下配套管网的建设：

1）开展污水收集管网特别是支线管网建设。

2）强化城中村、老旧城区和城乡结合部污水截流、纳管。

3）提高管网建设效率，推进区域内现有雨污合流管网的分流改造；对在建或拟建城镇污水处理设施，要同步规划建设配套管网，严格做到配套管网长度与处理能力要求相适应。

长安镇内，2017 年已新增城镇污水管网 38.9km 以上；完成旧城区污水纳管 5.06km²；完成雨污分流改造 2100m。

许村镇内，2017 年开展上塘河支流运输河许村段两岸南联小区与时代阳光城、景华丽苑、金悦嘉苑和鑫河珑庭 4 个商业住宅小区雨污分流工程，铺设地下污水管网；完成了路面修复；新增城镇污水管网 37.65km 以上，全镇污水入管网运送至盐仓污水处理厂；完成污水收集总管网 3000m 以上，完成直线管网 34653m；完成旧城区污水纳管 1.73m²，完成雨污分流改造 34653m。推进污泥处理处置，建立污泥的产生、运输、储存、处置全过程监管体系，污水处理设施产生的污泥应进行稳定化、无害化和资源化处理处置，禁止处理处置不达标的污泥进入耕地。非法污泥堆放点一律予以取缔。

2019 年年底前，长安镇内将建成制革和印染等工业污泥处置设施。目前许村镇印染企业的污泥均由垃圾焚烧站承包外运至指定地点进行焚烧。同时对于河湖库塘的淤泥，通过水力冲挖经泥浆泵吸打进入附近耕地还田处理，同时不断加强淤泥指标监测，确保堆放达标，加大河道两岸污染物入河管控措施，重点做好河道两岸地表 100m 范围内的保洁工作，具体如下：①加强范围内生活垃圾、建筑垃圾、堆积物等的清运和清理；②对该范围内的无证堆场、废旧回收点进行清理整顿；③定期清理河道、水域水面垃圾、河道采砂尾堆、水体障碍物及沉淀垃圾；④加强船舶垃圾和废弃物的收集处理；⑤在发生突发性污染物如病死动物入河或发生病疫、重大水污染事件等，及时上报农业畜牧水产、卫生防疫和环保等主管部门；⑥受山洪、暴雨影响的地区，要在规定时间内及时组织专门力量清理河道中的垃圾、杂草、枯枝败叶、障碍物等，确保河道整洁。

长安镇和许村镇均已制定完成《长安镇河道保洁工作方案》《许村镇河道保洁工作方案》，两镇河道保洁工作均在长效实施中。

3. 农业农村污染防治

（1）控制农业面源污染。

1）以发展现代生态循环农业和开展农业废弃物资源化利用为目标，切实提高农田的相关环保要求，减少农业种植面源污染。

2）加快测土配方施肥技术的推广应用，引导农民科学施肥，在政策上鼓励施用有机肥，减少农田化肥氮磷流失。

3）推广商品有机肥，逐年降低化肥使用量。

4）开展农作物病虫害绿色防控和统防统治，引导农民使用生物农药或高效、低毒、低残留农药，切实降低农药对土壤和水环境的影响。实现化学农药使用量零增长。

5）健全化肥、农药销售登记备案制度，建立农药废弃包装物和废弃农膜回收处理体系。

（2）开展农村环境综合整治，包括以下方面：

1）以治理农村生活污水、垃圾为重点，制订建制村环境整治计划，明确河岸周边环境整治阶段目标。

2）因地制宜选择经济实用、维护简便、循环利用的生活污水治理工艺，开

展农村生活污水治理。按照农村生活污水治理村覆盖率达到 90% 以上，农户受益率达到 70% 以上的要求，提出治理目标。

3) 实现农村生活垃圾户集、村收、镇运、县处理体系全覆盖，并建立完善相关制度和保障体系。

4. 船舶港口污染控制

上塘河全线禁航。

3.2.4.4　水环境治理

1. 入河排污（水）口监管

加强入河排污（水）口监管。强化入河排污口设置的审核，全面清理非法设置、设置不合理、经整治后仍然无法达标排放的排污口。对未依法办理审核手续的，限期补办手续；对可以保留但仍需整改的，提出整改意见并限期完成；对合法设置的排污口督促设置规范的标识牌，建立入河排污口信息管理系统，实施"身份证"管理，并公布依法依规设置的入河排污口名单信息，公开接受社会监督，不断提高监管水平。

上塘河西段长安镇流域内共有 94 个排水口，下一步将对排水口标识进行严格统一。

上塘河西段许村镇流域内共有 130 个排水口，2017 年 6 月底已完成标识牌设置，后续将加强监管与排查，杜绝雨污混流排水口的存在。

周王庙镇、盐官镇排水口标识工作正在进行中。

2. 水系连通工程

抓紧实施水系连通工程，其中：①要充分挖掘现有水利工程潜能，按照经批准的控运计划，科学调度闸站等水利工程，增加河道水量补给，改善水质；②各县区要在确保防洪排涝的前提下，加强城镇防洪、圩区、围垦区等工程的配水调水，增强水体流动性，改善包围圈内河道水体水质，维护河湖生态健康。

按照"引得进、流得动、排得出"的要求，逐步恢复水体自然连通性，上塘河西段长安镇流域打通断头河 12 条，许村镇流域内各支流都已完成水系连通，各支流水体均可流动。2017 年完成了运输河、东斜港、西斜港、报国寺港、状元坝港、黄家浜、笕河港、西斜港、谢家浜、阮家浜、凌家浜、尹家洴 12 条支流河道清淤疏浚。通过增加闸泵配套设施，整体推进区域干支流、大小微水体系统治理，增强水体流动性。

积极规划实施水系连通工程，按照水网合理、水流畅通的要求，实施必要的水系连通工程和断头浜打通，对部分河道进行新开连通和拓宽改造等，使河网水系畅通，提高区域内防洪排涝能力，改善河湖水质，努力实现河湖生态自然。

3. "清三河"巩固措施

海宁市通过持续做好河道整治、清淤疏浚、生态修复等工作，全面启动"消灭劣Ⅴ类"治水行动，巩固和提升"五水共治"已有成果，以实现海宁市整体水环境质量明显改善的目标。

（1）精心谋划重部署。科学分析污染超标原因，制定专项整治方案，明确进度表、责任人，做到"问题清单化、清单项目化、项目责任化、责任具体化"，完善河长制机制，提高全员治水行动力，严密防控水质恶化反弹。

（2）细化方案重落实。结合当前水质提升工作实际，海宁市科学编制实施方案，实行"一点一策、一河一案"，按照岸上控制污染源，水中修复生态链的思路，全力推进劣Ⅴ类水体及支流区域的各项工作。如在治理与余杭区交界的上塘河中，制定《海宁市上塘河水质达标方案》，对水体采用生态滤墙工艺和微生物强化净化工艺；与余杭区实行多方联动，协调治理，不断巩固"清三河"成效，确保"三河"不反弹，"劣Ⅴ类"不反复。

（3）巩固"清三河"成效，加强对已整治好河道的监管。上塘河西段的长安镇境内，已经全部消灭"三河"。许村镇严格落实"清三河"防反弹长效管理，加强对已整治好河道的监管，以河长制为抓手，通过使用"潮乡智慧河长"移动客户端加强日常巡河，确定每个星期一为固定河长巡河日，并不定时开展河道巡查，发现问题及时解决。同时积极加强"四位一体"保洁，对全部河道实现定员定岗，加强日常河道保洁，并积极完善监督考核机制，督促引导保洁提质，将河道保洁、水质改善情况与星级美丽乡村评比、干部绩效考核等紧密结合，确保"清三河"治理成果长效巩固。

（4）推进"清三河"工作向小沟、小渠、小溪、小池塘等小微水体延伸，参照"清三河"标准开展全面整治，按月制订工作计划，以乡镇（社区）为主体，做到无盲区、全覆盖。

（5）严格考核重成果。采取最严格的责任制、最严厉的监管制、最严肃的问责制，主要通过主要领导挂帅、分管领导负责、市镇村三级联动的机制，为工作任务的完成提供有力保障。2017 年年底，计划河道劣 V 类水体实现全境、全流域全消灭。上塘河流域消灭劣 V 类水河道整治项目见表 3-32。

表 3-32　　　　　　上塘河流域消灭劣 V 类水河道综合整治项目表

责任单位	项 目 名 称	项目类型	治理长度/km
许村镇	报国寺港清淤工程	清淤整治	1.20
	状元坝港清淤工程		1.10
	东斜港清淤工程		4.20
	运输河清淤工程		6.88
	南凌石桥港清淤工程		1.40
	郁家港清淤工程		1.80
水利部门	太平河综合整治项目	综合治理	1.85
	新开河综合整治项目		1.90
	上塘河西段水环境治理工程		3.20
	泥坝桥港水环境治理工程		5.40
	新塘河西段二期整治工程项目		6.90
长安镇	石灰港清淤工程	清淤整治	3.50
	南石灰港清淤工程		1.90
周王庙镇	大河浜综合整治工程	综合治理	1.50
合　　计			42.73

3.2.4.5　水生态修复

1. 生态河道建设

加强水土流失重点预防区域、重点治理区的水土流失预防监督和综合治理，提出封育治理、坡耕地治理、沟壑治理以及水土保持林种植等综合治理措施；开展生态清洁型小流域建设，维护河湖源头生态环境。

（1）上塘河西段等开展生态河道建设，实施杨渡村笕河港河段绿道建设，绿化面积 15 亩，堤防护岸加固 1600m，治理河长 800m，清淤河长 800m，清除淤泥 0.96 万 m^3。估算为共投资 266 万元。

（2）长安镇。2013 年完成了虹桥闸的改造；2014 年完成了青联桥闸的改造；2015 年完成了姚家涧闸改造；2017 年完成了朱口涧闸改造；2018 年完成了磨陀桥闸改造。

（3）许村镇。2017 年完成了王闸洞闸、庙桥港闸 2 座闸站改造；2018 年完成了胜利闸站、尹家洞闸、报国寺港闸、状元坝港闸、黄家闸和人民桥闸 6 座闸站改造。

（4）周王庙镇、盐官镇水闸改造、河道清淤工作正在进行。

2. 水土流失治理

实施海宁市上塘河水环境治理工程，新建 10 道生态滤墙，设置生态浮床、透水围隔和微生物投加系统等配套设施。

3. 河湖库塘清淤

持续推进河湖清淤轮疏。重点围绕市"五水共治"办排查出来的劣 V 类水清单，举全系统之力打好污泥歼灭战，全面清除河湖库塘污泥，增加河湖蓄水容量，增强河湖调蓄能力，不断恢复水域原有功能。督促各地建立淤泥分布动态数据库，及时掌握河湖淤泥动态，有计划有重点地持续推进河湖轮疏，促进河湖疏浚常态化长效化。同时，强化排泥场管理，鼓励和引导淤泥资源化利用，避免二次污泥流失与污染。

加快推进河湖综合治理。围绕"水清流畅、岸绿景美、功能健全、人水和谐"治水目标，坚持干支流并举、河湖兼治，大力推进以区域为单元的系统治理。以中小河流治理重点县、中小流域治理、农村河道综合治理项目为重点，突出加强集镇和农村小微河道"毛细血管"治理，分片加快实施中小河流域治理与水系连通工程，拆除清理坝头、坝埂、沉船等阻水障碍，促进河网微循环。同时，在全面加强岸上污染治理的基础上，坚持以"自然修复为主，人工干预为辅"的原则，对污染严重、生态脆弱的河道，重点加强水生态修复，巩固清淤治污成效，不断改善和提升全市河湖水体自净能力。

上塘河及支流消除劣 V 类水体清淤涉及许村镇、盐官镇、周王庙镇、长安镇共有长 42.73km 的河道。按照"先规划后实施，先检测后清淤"原则，重点加强污（淤）泥规范处置，将落实堆场、污（淤）泥资源化利用作为工作的前置条件，杜绝淤泥随意堆放、泥浆偷排漏排等现象发生，避免淤泥"二次污染"；对疑似存在重金属污染和有机毒物污染的河湖池塘，要全面加强河湖底泥污染指标检测，对有毒有害的污（淤）泥实现无害化处置，对一般淤泥实现资源化利用。

4. 连通运河二通道，加大翻水量

运河二通道起自塘栖，向东沿杭申线经五杭至博陆，沿余杭区与桐乡市的边界往南新辟航道，在杭州市与嘉兴市的边界附近穿过 320 国道、沪杭铁路、沪杭高速公路、杭浦高速公路、杭州绕城公路、德胜路，终于八堡进入钱塘江，总长为 39.7km。全线完工后，运航能力可以提升 40%。运河杭州段将实现与杭甬运河和钱塘江中上游航道的对接，使浙北、浙东及浙中西部的航道完全贯通成高等级的内河水运网，届时嘉兴市、杭州市、绍兴市、宁波市等将连成一片。

运河二通道一旦开通，其水质优于目前上塘河的补水水质。如连通运河二通道进行上塘河翻水补水，并适当加大翻水水量，一方面可以保证上塘河西段的生态用水量，加大环流水量，改善目前上塘河流域水流缓慢的现状；另一方面也能够在一定程度上改善上塘河水质。

3.2.4.6　执法监督

加强河湖管理范围内违法建筑查处，打击河湖管理范围内违法行为，坚决清理整治非法排污、设障、捕捞、养殖、采砂、围垦、侵占水域岸线等活动；建立河道日常监管巡查制度，利用无人机、人工巡查、建立监督平台等方式，实行河道动态监管。

1. 强化排污许可证管理

全面推行控制污染物排放许可制，对固定污染源实施全过程管理和多污染物协同控制，实现系统化、科学化、法治化、精细化、信息化的"一证式"管理。

结合海宁市的实际情况，现有、新建及改扩建企业应将排放标准、排放总量、达标可行技术、运行管理要求、自行监测管理要求、各类记录、报告和检查要求等工业企业与环境相关的各类信息进行详细记载，作为定期进行排污许可证更新、许可证有效期满后重新申请的依据，并通过信息公开接受公众的监督。落实企业自主、真实申报排污信息机制并向社会公开，加强环境执法监察，坚持依法治污、应治必治、治污必严、违法必究，严厉打击环境违法行为，切实落实企业治污的主体责任。

2. 加大执法力度

（1）严格环境执法。坚持日常监管和专项整治相结合，深入开展各类环保专项行动，重点打击重污染行业企业环境违法行为。对污染排放较重、不符合产业政策或影响群众生产生活的"低小散"企业和各类小型加工场进行清理整顿。自 2016 年起定期公布环保"黄牌""红牌"企业名单，对超标和超总量的企业予以"黄牌"警示，一律限制生产或停产整治；对整治仍不能达到要求且情节严重的企业予以"红牌"警示，依法责令停业、关闭。定期抽查排污单位达标排放情况，结果向社会公布。加大综合惩处和处罚执行力度，建立环保领域非诉案件执行联动配合机制，推动建立"裁执分离"下政府主导、多部门参与的联动执行机制，依法支持"裁执分离"后行政机关采取的组织实施措施，对行政处罚、行政命令执行情况实施后督察。

（2）重拳打击环境违法犯罪行为。重点打击私设暗管或利用渗井、渗坑排放、倾倒含有毒有害污染物的废水、含病原体污水，违法使用环境监测计量器具，监测数据弄虚作假，不正常使用水污染物处理设施，或者未经批准拆除、闲置水污染物处理设施等环境违法行为。依法开展环境污染损害评估鉴定，对造成生态损害的责任者严格落实赔偿制度，有序推进符合条件的社会组织依法提起环境民事公益诉讼。严肃查处建设项目环境影响评价领域越权审批、未批先建、边批边建等违法违规行为。对构成犯罪的，要依法追究刑事责任。

（3）强化环境行政执法与刑事司法联动。强化环保、公安、检察院、法院等部门和单位协作，健全环境行政执法与刑事司法衔接配合机制，完善案件移送、受理、立案、通报等规定。完善环保、公安联动执法联席会议、常设联络员和重大案件会商督办等制度，完善案件移送、联合调查、信息共享和奖惩机制。深入推进环保公安环境执法联动，会同公检法机关集中力量查处、起诉和判决一批环境违法犯罪案件，曝光一批涉及按日计罚、查封扣押、限产停产、行政拘留等的典型案件。

3. 提升监测能力与水平

（1）完善环境监测网络。实现环境监测机构特征污染因子监测全覆盖，推进环境监测信息化建设。

（2）完善监督性监测和随机抽查，将监督监测和随机抽查结果直接用于企业执法监管。坚持铁拳铁规治污，大力推进环境司法建设，采取综合手段，始终保持严厉打击环境违法的高压态势，提高环境监督监测、随机抽查的威慑力和效果。

（3）强化污染源自动监控。加强污染源自动监控系统网络巡检工作，把污染源自动监控设施作为污染防治设施的组成部分，纳入环境执法的重要检查内容。及时公布重点污染源自动监控系统及排污企业自行监测结果的所有信息，接受社会监督。加强污染源自动监控设备比对和联网工作。进一步推进刷卡排污扩面，完善在线监测数据的应用。加强污染源自动监控运维单位的监管力度。

4. 全面实施网格化环境监管

各乡镇（街道、开发区）、村（社区）民委员会完成本级网格的建立、实施和运行。2016 年，网格化环境监管体系正式运行。严格按照网格化监管体系的工作流程和工作任务，认真履行环境监管职责，确保辖区环境安全。

3.2.4.7　任务分解

按照"分区、分类"的理念，从全局的角度上，建立以"流域-控制单元"为基础的流域水生态环境分区管理体系，按乡镇划分小控制单元，将污染负荷削减、工程项目落实到子控制单元；以上塘河排涝闸考核断面水质稳定保持不超过Ⅳ类为目标，进行流域水环境问题识别与成因诊断；确定控制单元和乡镇对控制断面的影响程度；统筹控制单元流域、黑臭水体等各类水体保护任务，与区域内相关规划有机衔接，进一步强化流域水污染控制，综合采取各类工程和管理措施，科学测算，实现目标可达，任务落地，方案可行。

不同区域水环境的环境承载力、水生态特征等都有较大差异，面临的污染特征也不尽相同，需采取针对性的污染控制策略；而对于不同污染物质，其污染来源、迁移过程和生物毒性等各个方面也都有差异，需要不同的控制方法；不同功能的水体对水环境质量的要求不同，需要制定不同的水环境保护目标。根据水环境特征，实行"分区、分类"管理是国际上水环境管理的最佳模式。

方案实施范围内涉及海宁市的 4 个镇。其中：长安镇为长安单元；许村镇为许村单元；盐官镇为盐官单元；周王庙镇为周王庙单元。实施方案中盐官单元、周王庙单元为优先改善型单元，许村单元、长安单元为治理型单元。

在控制区、控制单元划定的基础上，评价控制单元的水环境质量状况以及存在的主要环境问题，结合控制单元的污染特征、治污条件以及水环境管理需求，筛选排序优先控制单元。在实施方案范围内的盐官单元、长安单元、许村单元、周王庙单元均为优先单元。

优先控制单元主要考虑的特征单元为：考核断面所在控制单元；敏感水域水质安全受到威胁的控制单元；水环境质量超标严重的控制单元；跨界断面水质超标的控制单元；特征性水污染（石油类）问题突出的控制单元；社会经济发展、资源开发、水动力条件改变等导致未来水环境风险较大的单元。

1. 归类处理

以控制单元为基本空间格局，从各单元的问题类型、措施对策上，将控制单元划分为预防型、改善型和治理型三类单元。在实施方案范围内，盐官单元、周王庙单元为改善型单元。许村单元、长安单元为治理型单元。

（1）预防型单元。预防型单元是指水环境质量、区域生态环境较好的区域，即人类活动对水体影响不显著，但水环境仍面临风险，未来需要重点实施污染预防和保护。

（2）改善型单元。改善型单元为水环境质量一般或较差的区域，即人类社会影响已对水体表现出显著干扰，水体服务功能受损、本流域污染防治目标的实现受阻的区域。需要采取多方面措施，来改善水环境质量、维护生态系统功能。改善型单元主要分布在人类干扰较多的区域、影响区和上游区。防治目标为综合采取多种措施削减污染物（含区域特征性污染物），切实落实总量控制，促进水质稳定和改善。防治措施方向为强化城镇和生活点源、面源、流动源的污染防治，强化重要保护区的污染治理和严格保护，保障饮用水源地生态湿地工程正常运转，提升湿地冬季去除污染物能力，加强环境监管，促进产业结构和布局的优化调整。

（3）治理型单元。治理型单元为水环境质量差或极差的区域，即在人类活动的剧烈干扰下，生态系统遭到破坏并难以恢复、生态功能部分或严重丧失，出现极端环境问题（黑臭、水华）的区域。需要采取全面综合性的治理措施，开展水域的抢救性恢复或生态系统重建。

2. 控制单元治理方案

（1）许村单元。

1）原因及压力。本控制单元包含 2 个监测断面见表 3-33。其污染物主要来自杭州来水、工业污水、城镇生活等。

表 3-33　　　　　　　　　　　　　许 村 单 元 监 测 断 面

断面名称	所在河流	功能区类别	所属区（市、县）	所在乡镇（街道）	断面管理级别	功能区水质目标/类	断面污染水质类别/类	断面水质目标/类
许村大桥	上塘河	工业用水区	海宁市	许村镇	市控	Ⅳ	劣Ⅴ	Ⅳ
渡船桥	上塘河	工业用水区	海宁市	许村镇	省控	Ⅳ	劣Ⅴ	Ⅳ

由许村大桥断面的逐月水质分析得出，主要污染物均有较大程度的超标，氨氮和总磷超标程度严重，结合主要污染物排放量组成分析，这与农业面源、水产养殖、工业污染和农村生活污染有关。许村大桥断面地处许村镇，该地区存在一定的种植业、水产养殖业和少量工业企业，同时农村生活污染工程也有待完善。

2）综合整治目标。到2020年，许村大桥水质提升至Ⅲ～Ⅳ类。

3）主要任务。针对重污染的黑臭河流和上塘河许村大桥断面污染水质制订整治计划，以消除重污染水体为核心目标，实施污染整治和生态修复。

完善污水管网建设，加强农村生活污水处理；加强许村镇城镇生活污染、农村生活污染和水产养殖污染防治；加强湿地保护和建设，大力发展绿色生态农业；加强工业企业的污染监控，全面推进各类污染源的治理和污染负荷削减。

从源头开始进行区域水环境质量的有效恢复，具体采用控源截污、内源控制、生态修复及活水循环的技术手段，同时加强环境监管，结合美丽乡村建设、中小河流治理重点县建设以及农村河湖综合整治等工程，全面打造美丽河道。

（2）长安单元。

1）原因及压力。本控制单元包含1个监测断面，见表3-34。

表 3-34　　　　　　　　　　　　　长 安 单 元 监 测 断 面

断面名称	所在河流	功能区类别	所属区（市、县）	所在乡镇（街道）	断面管理级别	功能区水质目标/类	断面污染水质类别/类	断面水质目标/类
龙安大桥	上塘河	工业用水区	海宁市	许村镇	—	Ⅳ	劣Ⅴ	Ⅳ

由龙安大桥断面的逐月水质分析得出，主要污染物均有较大程度的超标，氨氮和总磷超标程度严重，结合主要污染物排放量组成分析，这与农业面源、水产养殖、工业污染和农村生活污染有关。龙安大桥断面地处长安镇，该地

区存在一定的种植业、水产养殖业和工业企业，同时农村生活污染整治工程也有待完善。

2）综合整治目标。到 2020 年，龙安大桥水质提升至Ⅲ～Ⅳ类。

3）主要任务。针对重污染的黑臭河流和上塘河龙安大桥断面劣Ⅴ类水体，制定市控以上劣Ⅴ类水质断面整治计划，以消除重污染水体为核心目标，实施污染整治和生态修复。

加强盐仓污水处理厂运营维护，完善污水管网建设，加强农村生活污水处理；加强长安镇城镇生活污染、农村生活污染和水产养殖污染防治；加强湿地保护和建设，大力发展绿色生态农业；加强工业企业的污染监控，全面推进各类污染源的治理和污染负荷削减。

从源头开始进行区域水环境质量的有效恢复，具体采用控源截污、内源控制、生态修复及活水循环的技术手段，同时加强环境监管，结合美丽乡村建设、中小河流治理重点县建设以及农村河湖综合整治等工程，全面打造美丽河道。

（3）周王庙单元。

1）原因及压力。本控制单元包含 1 个监测断面，见表 3-35。

表 3-35　　　　　　　　　　周王庙单元监测断面

断面名称	所在河流	功能区类别	所属区（市、县）	所在乡镇（街道）	断面管理级别	功能区水质目标/类	断面污染水质类别/类	断面水质目标/类
水泥厂大桥	上塘河	工业用水区	海宁市	周王庙镇	市控	Ⅳ	劣Ⅴ	Ⅳ

从水泥厂大桥断面的逐月水质分析得出，该断面水质为劣Ⅴ类，非汛期以氨氮和总磷为主要超标因子，汛期以氨氮、总磷和 BOD_5 为主要超标因子，结合主要污染物排放量组成分析，这与农业面源、养殖业和农村生活污染有关。

2）综合整治目标。到 2020 年，水泥厂桥水质提升至Ⅲ～Ⅳ类。

3）主要任务。针对重污染的黑臭河流和上塘河水泥厂大桥断面污染水质制订断面整治计划，以消除重污染水体为核心目标，实施污染整治和生态修复。

完善污水管网建设，加强农村生活污水处理；加强周王庙镇农业面源污染、农村生活污染和水产养殖污染防治；大力发展绿色生态农业；加强工业企业的污染监控，全面推进各类污染源的治理和污染负荷削减。

从源头开始进行区域水环境质量的有效恢复，具体采用控源截污、内源控制、生态修复及活水循环的技术手段，同时加强环境监管，结合美丽乡村建设、中小河流治理重点县建设以及农村河湖综合整治等工程，全面打造美丽河道。

（4）盐官子控制单元。

1）原因及压力。本控制单元包含 1 个监测断面，见表 3 - 36。

表 3 - 36　　　　　　　　　　　　盐 官 单 元 监 测 断 面

断面名称	所在河流	功能区类别	所属区（市、县）	所在乡镇（街道）	断面管理级别	功能区水质目标/类	断面污染水质类别/类	断面水质目标/类
上塘河排涝闸	上塘河	工业用水区	海宁市	盐官镇	国控	Ⅳ	劣Ⅴ	Ⅳ

从上塘河排涝闸断面的逐月水质分析，该断面水质为Ⅴ类，主要污染物均有较大程度的超标，氨氮、总磷和石油类超标程度严重，结合主要污染物排放量组成分析，这与航运、农业面源、养殖和农村生活污染有关。

上塘河排涝闸为入海河流考核断面。

2）综合整治目标。到 2020 年，上塘河排涝闸水质提升至Ⅲ～Ⅳ类。

3）主要任务。针对重污染的黑臭河流和上塘河排涝闸断面污染水质制订断面整治计划，以消除重污染水体为核心目标，实施污染整治和生态修复。

完善污水管网建设，加强农村生活污水处理；加强航运污染防治；加强盐官镇城镇生活污染、农业面源污染和水产养殖污染防治；加强湿地保护和建设，大力发展绿色生态农业；加强工业企业的污染监控，全面推进各类污染源的治理和污染负荷削减。

从源头开始进行区域水环境质量的有效恢复，具体采用控源截污、内源控制、生态修复及活水循环的技术手段，同时加强环境监管，结合美丽乡村建设、中小河流治理重点县建设以及农村河湖综合整治等工程，全面打造美丽河道。

3.2.4.8 "一河（湖）一策"方案实施行动清单

在实现上游来水水质稳定改善的基础上，全面实现消除海宁市镇两级河道劣Ⅴ类水质断面的水环境质量改善目标，应细化工作任务，落实工作计划，使政策落地，责任者有担当。根据《海宁市水污染防治行动计划实施方案》制定"海宁市水污染防治行动责任清单"，见表 3 - 37。

表 3-37　　　　　　　　　　海宁市水污染防治行动责任清单

分　类		序号	要　点	责 任 单 位	
				牵头单位	落实单位
一、全面控制水污染物排放	工业污染防治	1	全面整治重污染行业	海宁市经济和信息化局、嘉兴市生态环境局海宁分局	海宁市发展和改革局、市国土资源局、各镇人民政府、街道办事处，经济开发区管理委员会（以下各项工作均需各镇人民政府、街道办事处，经济开发区管委会落实，不再列出）
		2	集中治理工业集聚区水污染	嘉兴市生态环境局海宁分局	海宁市发展和改革局、海宁市经济和信息化局、海宁市科学技术局、海宁市商务局
		3	重点水污染行业废水深度处理	嘉兴市生态环境局海宁分局	海宁市经济和信息化局、海宁市科学技术局、海宁市住房和城乡建设局
	城镇生活污染治理	4	加快城镇污水处理设施建设与改造	海宁市住房和城乡建设局	海宁市发展和改革局、嘉兴市生态环境局海宁分局
		5	全面加强配套管网建设	海宁市住房和城乡建设局	海宁市发展和改革局、嘉兴市生态环境局海宁分局
		6	推进污泥处理处置	嘉兴市生态环境局海宁分局、海宁市住房和城乡建设局	海宁市发展和改革局、海宁市经济和信息化局、海宁市公安局、海宁市农业经济局（海宁市农业和农村工作办公室）
	农业农村污染防治	7	防治畜禽养殖污染	海宁市农业经济局（海宁市农业和农村工作办公室）	海宁市发展和改革局、海宁市国土资源局、嘉兴市生态环境局海宁分局、海宁市市场监督管理局、海宁市综合执法局
		8	控制农业面源污染	海宁市农业经济局（海宁市农业和农村工作办公室）	海宁市发展和改革局、海宁市经济和信息化局、海宁市国土资源局、嘉兴市生态环境局海宁分局、海宁市水利局、海宁市市场监督管理局、海宁市供销合作总社
		9	防治水产养殖污染	海宁市农业经济局（海宁市农业和农村工作办公室）	海宁市发展和改革局、嘉兴市生态环境局海宁分局
		10	加快农村环境综合整治	海宁市住房和城乡建设局、海宁市农业经济局（海宁市农业和农村工作办公室）	海宁市发展和改革局、海宁市科学技术局、嘉兴市生态环境局海宁分局、海宁市水利局、海宁市综合执法局

分类		序号	要点	责任单位	
				牵头单位	落实单位
一、全面控制水污染物排放	船舶港口污染控制	11	积极治理船舶污染	海宁市交通运输局	海宁市经济和信息化局、嘉兴市生态环境局海宁分局、海宁市住房和城乡建设局、海宁市农业经济局（海宁市农业和农村工作办公室）、海宁市市场监督管理局、海宁市综合执法局
		12	增强港口码头污染防治能力	海宁市交通运输局、海宁市水利局、海宁市经济和信息化局	海宁市公安局、海宁市财政局、嘉兴市生态环境局海宁分局、海宁市住房和城乡建设局、海宁市农业经济局（海宁市农业和农村工作办公室）、海宁市卫生和计划生育局、海宁市安全生产督监管理局、海宁市市场监督管理局、海宁市人民防空办公室、海宁市应急管理局办公室、海宁市气象局、海宁市消防大队
二、推动经济发展绿色化	优化空间布局	13	合理确定发展布局、结构和规模	海宁市发展和改革局、海宁市经济和信息化局	海宁市国土资源局、嘉兴市生态环境局海宁分局、海宁市住房和城乡建设局、海宁市水利局、海宁市安全生产监督管理局
		14	强化生态环境空间管制	海宁市发展和改革局、嘉兴市生态环境局海宁分局	海宁市经济和信息化局、海宁市国土资源局、海宁市住房和城乡建设局、海宁市水利局、海宁市农业经济局（海宁市农业和农村工作办公室）
		15	积极保护生态空间	市国土资源局、海宁市住房和城乡建设局、海宁市水利局	嘉兴市生态环境局海宁分局、海宁市农业经济局（海宁市农业和农村工作办公室）
	调整产业结构	16	依法淘汰落后产能	海宁市经济和信息化局	海宁市发展和改革局、嘉兴市生态环境局海宁分局
		17	严格环境准入	嘉兴市生态环境局海宁分局、海宁市水利局	海宁市发展和改革局、海宁市住房和城乡建设局、海宁市农业经济局（海宁市农业和农村工作办公室）

分　类		序号	要　点	责　任　单　位	
				牵头单位	落实单位
二、推动经济发展绿色化	推进循环发展	18	加强工业水循环利用	海宁市发展和改革局、海宁市经济和信息化局	嘉兴市生态环境局海宁分局、海宁市水利局
		19	促进园区绿色低碳循环发展	海宁市发展和改革局、海宁市财政局	海宁市科学技术局、嘉兴市生态环境局海宁分局、海宁市水利局、海宁市商务局
		20	促进再生水利用	海宁市住房和城乡建设局	海宁市发展和改革局、海宁市经济和信息化局、海宁市教育局、嘉兴市生态环境局海宁分局、海宁市交通运输局、海宁市水利局、海宁市农业经济局（海宁市农业和农村工作办公室）
		21	提高清洁生产水平	海宁市经济和信息化局、嘉兴市生态环境局海宁分局、海宁市农业经济局（海宁市农业和农村工作办公室）	海宁市发展和改革局、海宁市市场监督管理局
三、加强水资源保护和节约	控制用水总量	22	实施最严格水资源管理	海宁市水利局	海宁市发展和改革局、海宁市经济和信息化局、海宁市住房和城乡建设局、海宁市农业经济局（海宁市农业和农村工作办公室）
	提高用水效率	23	加强用水需求管理，以水定需、量水而行，抑制不合理用水需求，促进人口、经济等与水资源相均衡	海宁市水利局	海宁市发展和改革局（海宁市物价局）、海宁市财政局、海宁市经济和信息化局、海宁市住房和城乡建设局、海宁市统计局、海宁市机关事务管理局
		24	抓好工业节水	海宁市经济和信息化局、海宁市水利局	海宁市发展和改革局、海宁市住房和城乡建设局、海宁市市场监督管理局
		25	加强城镇节水	海宁市住房和城乡建设局、海宁市水利局、海宁市机关事务管理局	海宁市发展和改革局、海宁市经济和信息化局、海宁市教育局、海宁市财政局、海宁市市场监督管理局、海宁市旅游局
		26	推进农业节水	海宁市水利局	海宁市发展和改革局、海宁市财政局、海宁市农业经济局（海宁市农业和农村工作办公室）

续表

分　类		序号	要　点	责　任　单　位	
				牵头单位	落实单位
三、加强水资源保护和节约	科学保护水资源	27	完善水资源保护考核评价体系	嘉兴市生态环境局海宁分局、海宁市水利局	海宁市发展和改革局
		28	加强河网调度管理	海宁市水利局	嘉兴市生态环境局海宁分局
四、环境安全保障水生态	保障饮用水水源安全	29	从水源到水龙头全过程监管饮用水安全	嘉兴市生态环境局海宁分局	海宁市发展和改革局、海宁市经济和信息化局、海宁市财政局、海宁市住房和城乡建设局、海宁市水利局、海宁市卫生和计划生育局
		30	强化饮用水水源环境保护	嘉兴市生态环境局海宁分局、海宁市水利局	海宁市发展和改革局、海宁市公安局、海宁市财政局、海宁市住房和城乡建设局、海宁市交通运输局、海宁市卫生和计划生育局、海宁市安全生产监督管理局
	深化地表水污染防治	31	全面推进重点流域水环境治理	海宁市发展和改革局、嘉兴市生态环境局海宁分局、海宁市水利局	海宁市经济和信息化局、海宁市财政局、海宁市住房和城乡建设局、海宁市旅游局
		32	全面推进"清三河"工作	海宁市水利局	海宁市发展和改革局、海宁市经济和信息化局、海宁市财政局、嘉兴市生态环境局海宁分局、海宁市住房和城乡建设局、海宁市农业经济局（海宁市农业和农村工作办公室）、海宁市综合行政执法局
		33	推进河湖清淤工作	海宁市国土资源局、海宁市水利局	嘉兴市生态环境局海宁分局、海宁市住房和城乡建设局、海宁市交通运输局、海宁市农业经济局（海宁市农业和农村工作办公室）、海宁市综合行政执法局
		34	全面消除劣Ⅴ类水质断面	嘉兴市生态环境局海宁分局、海宁市住房和城乡建设局	海宁市发展和改革局、海宁市经济和信息化局、海宁市财政局、海宁市水利局、海宁市农业经济局（海宁市农业和农村工作办公室）

分　　类		序号	要　　点	责　任　单　位	
				牵头单位	落实单位
四、环境安全保障水生态	强化地下水污染防治	35	严控地下水开采	海宁市国土资源局、海宁市水利局	海宁市发展和改革局、海宁市经济和信息化局、海宁市财政局、海宁市住房和城乡建设局、海宁市农业经济局（海宁市农业和农村工作办公室）
		36	防治地下水污染	海宁市国土资源局、嘉兴市生态环境局海宁分局、海宁市水利局	海宁市财政局、海宁市住房和城乡建设局、海宁市商务局、海宁市安全生产监督管理局
	开展水生态保护与修复	37	加强河湖和湿地生态保护与修复	海宁市农业经济局（海宁市农业和农村工作办公室）	海宁市财政局、海宁市国土资源局、嘉兴市生态环境局海宁分局、海宁市住房和城乡建设局、海宁市水利局、海宁市旅游局
五、环境执法严格监管	严格防范环境风险	38	防范环境风险	嘉兴市生态环境局海宁分局、海宁市交通运输局、海宁市安全生产监督管理局	海宁市经济和信息化局、海宁市公安局、海宁市卫生和计划生育局
		39	严格防范环境健康风险	嘉兴市生态环境局海宁分局、海宁市农业经济局（海宁市农业和农村工作办公室）	海宁市经济和信息化局、海宁市卫生和计划生育局
	加大执法力度	40	严格环境执法	嘉兴市生态环境局海宁分局	海宁市人民法院、海宁市公安局、海宁市国土资源局、海宁市住房和城乡建设局、海宁市农业经济局（海宁市农业和农村工作办公室）、海宁市卫生和计划生育局、海宁市安全生产监督管理局、海宁市市场监督管理局、海宁市综合行政执法局
		41	重拳打击环境违法犯罪行为	嘉兴市生态环境局海宁分局	海宁市人民法院、海宁市人民检察院、海宁市公安局、海宁市住房和城乡建设局、海宁市水利局、海宁市市场监督管理局、海宁市综合行政执法局

续表

分类		序号	要点	责任单位	
				牵头单位	落实单位
五、环境执法严格监管		42	强化环境行政执法与刑事司法联动	海宁市公安局、嘉兴市生态环境局海宁分局	海宁市人民法院、海宁市人民检察院、中共海宁市委宣传部、海宁市监察局、海宁市综合行政执法局
		43	完善环保执法监管体制	嘉兴市生态环境局海宁分局	中共海宁市委机构编制委员会办公室、海宁市监察局、海宁市综合行政执法局
	提升监管水平	44	完善水环境监测网络	嘉兴市生态环境局海宁分局	海宁市发展和改革局、海宁市财政局、海宁市国土资源局、海宁市住房和城乡建设局、海宁市交通运输局、海宁市水利局、海宁市农业经济局（海宁市农业和农村工作办公室）、海宁市卫生和计划生育局、海宁市市场监督管理局、海宁市气象局
		45	提高环境监管能力	嘉兴市生态环境局海宁分局	中共海宁市委编机构办公室
六、增强市场机制作用	完善价格收费机制	46	深化水价改革，完善超计划用水累进加价和城乡居民用水阶梯水价制度	海宁市发展和改革局（海宁市物价局）、海宁市财政局、海宁市住房和城乡建设局	海宁市水利局、海宁市农业经济局（海宁市农业和农村工作办公室）
		47	完善收费政策	海宁市发展和改革局（海宁市物价局）、海宁市财政局（海宁市地税局）、海宁市住房和城乡建设局	海宁市经济和信息化局、嘉兴市生态环境局海宁分局、海宁市水利局、海宁市农业经济局（海宁市农业和农村工作办公室）、海宁市税务局
	促进多元融资	48	引导社会资本投入	海宁市发展和改革局、海宁市财政局、嘉兴市生态环境局海宁分局、中共海宁市人民政府金融工作办公室、中国人民银行海宁市支行	海宁市住房和城乡建设局、海宁市银监负责单位
		49	加大财政支持力度	海宁市财政局	海宁市发展和改革局、嘉兴市生态环境局海宁分局、海宁市住房和城乡建设局、海宁市水利局、海宁市农业经济局（海宁市农业和农村工作办公室）、海宁市供销合作总社

续表

分 类		序号	要 点	责 任 单 位	
				牵头单位	落实单位
六、增强市场机制作用	建立激励机制	50	健全节水环保"领跑者"制度	海宁市发展和改革局、海宁市经济和信息化局	海宁市财政局、嘉兴市生态环境局海宁分局、海宁市住房和城乡建设局、海宁市水利局
		51	推进绿色金融	海宁市人民政府金融工作办公室、中国人民银行海宁市支行、市银监办	海宁市发展和改革局、海宁市经济和信息化局、嘉兴市生态环境局海宁分局、海宁市水利局、海宁市农业经济局（海宁市农业和农村工作办公室）
		52	完善企业环境信用评价制度	海宁市财政局、嘉兴市生态环境局海宁分局	海宁市发展和改革局、海宁市水利局、中国人民银行海宁市支行
七、强化环保科技支撑	突破共性关键技术	53	攻关研发关键技术	海宁市科学技术局、嘉兴市生态环境局海宁分局	海宁市发展和改革局、海宁市经济和信息化局、海宁市国土资源局、海宁市住房和城乡建设局、海宁市水利局、海宁市农业经济局（海宁市农业和农村工作办公室）、海宁市市场监督管理局
	推广示范适用技术	54	加快推进环保领域先进成熟技术成果转化和推广应用	海宁市科学技术局、嘉兴市生态环境局海宁分局	海宁市发展和改革局、海宁市经济和信息化局、海宁市住房和城乡建设局、海宁市水利局、海宁市农业经济局（海宁市农业和农村工作办公室）
	大力发展环保产业	55	着力发展节能环保产业	海宁市发展和改革局、海宁市经济和信息化局、嘉兴市生态环境局海宁分局	海宁市科学技术局、海宁市财政局、海宁市住房和城乡建设局、海宁市水利局、海宁市农业经济局（海宁市农业和农村工作办公室）、海宁市人民政府金融工作办公室
		56	加快发展环保服务业	海宁市财政局、嘉兴市生态环境局海宁分局	海宁市发展和改革局、海宁市经济和信息化局、海宁市科学技术局、海宁市住房和城乡建设局、海宁市市场监督管理局

分类		序号	要点	责 任 单 位	
				牵头单位	落实单位
八、加强水环境管理和责任落实	强化地方政府水环境保护责任	57	明确主体责任	嘉兴市生态环境局海宁分局	海宁市发展和改革局、海宁市财政局、海宁市住房和城乡建设局、海宁市水利局
		58	强化环境质量目标管理	嘉兴市生态环境局海宁分局	海宁市水利局
	加强协调联动	59	建立部门协作机制，定期研究解决重大问题	嘉兴市生态环境局海宁分局	海宁市发展和改革局、海宁市经济和信息化局、海宁市科学技术局、海宁市公安局、海宁市财政局、海宁市国土资源局、海宁市住房和城乡建设局、海宁市交通运输局、海宁市水利局、海宁市农业经济局（海宁市农业和农村工作办公室）、海宁市卫生和计划生育局、海宁市旅游局
		60	完善流域、区域协作机制	嘉兴市生态环境局海宁分局	海宁市发展和改革局、海宁市经济和信息化局、海宁市科学技术局、海宁市公安局、海宁市财政局、海宁市国土资源局、海宁市住房和城乡建设局、海宁市交通运输局、海宁市水利局、海宁市农业经济局（海宁市农业和农村工作办公室）、海宁市卫生和计划生育局、海宁市旅游局
	完善水环境管理制度	61	深化河长制管理	嘉兴市生态环境局海宁分局	海宁市发展和改革局、海宁市财政局、海宁市住房和城乡建设局、海宁市水利局
		62	完善"清三河"长效机制	嘉兴市生态环境局海宁分局	海宁市住房和城乡建设局、海宁市水利局、海宁市农业经济局（海宁市农业和农村工作办公室）
		63	完善重点水污染物排放总量控制制度	嘉兴市生态环境局海宁分局	海宁市发展和改革局、海宁市经济和信息化局、海宁市住房和城乡建设局、海宁市交通运输局、海宁市水利局、海宁市农业经济局（海宁市农业和农村工作办公室）

分　类		序号	要　点	责　任　单　位	
				牵头单位	落实单位
八、加强水环境管理和责任落实	完善水环境管理制度	64	推进排污许可管理改革	嘉兴市生态环境局海宁分局	—
		65	完善环境风险预警应急机制	嘉兴市生态环境局海宁分局	海宁市住房和城乡建设局、海宁市水利局、海宁市农业经济局（海宁市农业和农村工作办公室）、海宁市卫生和计划生育局、海宁市应急管理局办公室
	严格目标任务考核	66	市政府与各镇（街道）、开发区等签订水污染防治目标责任书，分解落实目标任务，切实落实"一岗双责"制度和"党政同责"制度	嘉兴市生态环境局海宁分局	中共海宁市委组织部、海宁市发展和改革局、海宁市监察局、海宁市财政局
		67	对未能完成水污染防治工作目标任务或者工作责任不落实的，可以通过约谈、挂牌督办、通报等方式，督促整改和落实	嘉兴市生态环境局海宁分局	中共市委组织部、海宁市纪委监察局
九、强化公众参与和社会监督	依法公开环境信息	68	综合考虑水环境质量及达标情况等因素，每年公布海宁市水环境状况	嘉兴市生态环境局海宁分局	海宁市发展和改革局、海宁市住房和城乡建设局、海宁市水利局、海宁市农业经济局（海宁市农业和农村工作办公室）、海宁市卫生和计划生育局
		69	嘉兴市生态环境局海宁分局要定期公布水环境质量状况，实时公布交接断面水质自动监测站和饮用水水源地自动监测站监测数据	嘉兴市生态环境局海宁分局	海宁市水利局、海宁市农业经济局（海宁市农业和农村工作办公室）、海宁市市场监督管理局
	加强社会监督	70	为公众、社会组织提供水污染防治法律法规培训和政策咨询，邀请其全程参与重要环保执法行动和重大水污染事件调查	嘉兴市生态环境局海宁分局	海宁市人民法院、海宁市人民检察院

分 类		序号	要 点	责 任 单 位	
				牵头单位	落实单位
九、强化公众参与和社会监督	构建全民行动格局	71	强化"节水洁水、人人有责"的理念。加强宣传教育，把水资源、水环境保护和水情知识纳入国民教育体系，充分发挥主流新闻媒体的舆论导向作用，提高公众对经济社会发展及环境保护客观规律的认识	嘉兴市生态环境局海宁分局	中共海宁市委宣传部、海宁市教育局、海宁市民政局、海宁市住房和城乡建设局、海宁市水利局、海宁市文化体育局

3.2.5 保障措施

3.2.5.1 加强组织领导，落实工作责任

设立嘉兴市河长制办公室，与嘉兴市"五水共治"办合署办公。

嘉兴市河长制办公室工作职责：对市总河长及市"五水共治"办负责，统筹协调全市河长制工作。负责制定本市河长制管理制度、监督河长制各项任务的落实、组织开展各级河长制考核。嘉兴市河长制办公室实行集中办公，定期召开成员单位联席会议，研究解决重大问题。

县级河长负责组织领导盐官下河管理和保护工作，履行"管、治、保"三位一体的职责，协调解决重大问题，对相关部门和下一级各支河长履职进行督导。县级联系部门，协助河长负责日常工作，负责具体制订盐官下河西段"一河（湖）一策"治理方案，明确工作目标，落实工作任务，建立健全目标责任制和工作推进机制。

实行党政一把手亲自抓、负总责，成立专门的领导机构，制订上塘河流域污染防治专项年度工作计划，明确责任单位、进度要求，落实资金、用地等建设条件，精心组织实施，确保按期高质量完成建设任务。市级各部门（单位）是落实各自水污染防治牵头工作的责任主体，要落实部门和专人负责，指导、支持、协调项目实施。

3.2.5.2　建立流域联防联控机制，加强上、下游协作

加强上塘河控制单元内水体的监测能力建设，加强河流、水域预警体系能力建设和自动监测能力建设，监测站应配置有毒有害污染物的分析仪器设备，开展上、下游地表水环境质量联动监测；探索和建立跨界水环境补偿机制，探索采取横向资金补助、开展补偿试点；建立跨部门、跨省市的整治、纠纷调解和上、下游联防联控协作机制，确保跨界水质达标入境。

3.2.5.3　引导社会资金投入，促进多元融资

充分发挥环保投资公司的平台作用，吸引更多社会资本、民营资本投入流域污染防治工作。在自愿的原则下，创新融资方式，推进乡镇污水处理设施第三方建管和流域污染第三方治理，实行政府购买服务。理顺税费关系，加快水价改革，完善城镇污水处理费、排污费、水资源费等收费政策。市政府要加大资金投入力度，确保已建成污水处理厂、垃圾收运系统等污染治理工程长期稳定运行。

坚持政府统领、企业施治、市场驱动、公众参与的原则，建立政府、企业、社会多元化投入机制，拓宽融资渠道，落实项目建设资金，大力推进政府和社会资本合作（PPP）项目建设。充分发挥环保投资公司的平台作用，吸引更多社会资本、民营资本参与环保产业和环境治理。发展绿色信贷，优化完善企业环境行为信用评价体系，严格限制环境违法企业贷款。鼓励涉重金属、石油化工、危险化学品运输等高环境风险行业投保水环境污染责任保险。

3.2.5.4　严格目标任务考核，推进方案实施

嘉兴市政府与各镇政府、各部门签订水污染防治目标责任书，分解落实目标任务并纳入年度考核。考核结果向社会公布，并作为对领导班子和领导干部综合考核评价的重要依据。对未通过年度考核的镇，约谈当地党委、政府主要负责人，视情节轻重，实施建设项目环境影响评价区域限批；对未通过年度考核的市级牵头部门，约谈部门主要负责人。

由河长制办公室考核"一河（湖）一策"的工作实施情况。涉及县（区）、乡镇和村按行政辖区范围建立"部门明确、责任到人"的河长制工作体系，强化层级考核。河长制办公室定期召开协调会议，同时组织成员单位人员定期或不定期开展督查，及时通报工作进展情况。

3.2.5.5 强化科技支撑，推广示范适用技术

充分发挥高校、科研院所、环保企业的科研技术力量，加快研发生活污水低成本高标准处理技术及装备，加强与研究单位合作，确保成果应用示范。加强环保产业政策引导，开发环保实用技术。推广节水、水污染治理及循环利用、城市雨水收集利用、再生水安全回用、水生态修复等适用技术。

3.2.5.6 健全政策机制，保障稳定运行

严格执行河长巡河制度。河道巡查作为河长履职的重要内容，加大对责任河流的巡查力度和频次。各级河长要严格按照省治水办《关于印发基层河长巡查工作细则的通知》（浙治水办发〔2016〕22号）要求，严格履职，做到市级河长不少于每半个月1次，镇级河长不少于每旬1次，村级河长不少于每周1次。对劣Ⅴ类水体、重点水域和存在黑臭反弹隐患的河段巡河频率至少要增加1倍以上。巡查工作要做到全程踏勘，不留盲区。各镇（街道）在落实河长巡河的同时，要组织好河道保洁员、巡查员、网格员以及各类志愿者等开展巡查，确保问题河道每天有人巡、入河排放口每天有人查。建立河长巡查日志制度，河长和巡查人员要按规定填写、记录巡查情况，发现问题及时处理并报告，做到问题早发现、早报告、早处理。巡查报告或河长巡查移动客户端系统信息将作为河长年度考核的主要依据。

健全河长制河道动态监测制度。按照水资源、水环境、水生态、水安全、渔业生产等功能需要分部门按职责开展河网水系水质监测，科学规划、合理布局，优化资源，对行政区域交界面、干支流交界面、水功能区交界面和主要入河排污口，科学设置监测点，做到点位互补，细化加密，建立水环境统一监测平台，健全数据库。市级河道每半个月公布1次；乡、村级河道每季度公布1次。对监测发现的情况，由各级河长制办公室或河长联系单位组织相关部门进行研判，分解问题，查找根源，落实整改。

完善河长制信息化管理与报告制度。依据《浙江省河长制管理平台建设技术导则（试行）》，加快推进河长巡查移动客户端和微信等公众平台建设，于2017年实现嘉兴市河长制管理信息系统全覆盖，实现河长巡河履职、数据化考核、信息化报送等电子化管理。

完善污水处理收费政策，足额征污水处理费，保障污水处理设施正常运

行。积极推进污染治理设施产业化发展，鼓励委托第三方承担污染治理设施的标准化、精细化、规范化运营。完善流域长效保护机制，实施污染反弹问责制。

3.2.5.7　强化宣传教育，动员社会参与

综合考虑水环境质量及达标情况等因素，定期公布嘉兴市水环境质量状况，公开各镇黑臭水体整治情况、江河湖库水环境质量达标率，并按序排名。国控、省控、市控重点排污单位应依法接受社会监督，主动向社会公开其产生的主要污染物名称、排放方式、排放浓度和总量、超标排放情况，以及污染防治设施的建设和运行情况。畅通公众、社会组织咨询水环境保护工作的渠道，适时邀请其参与重要环保执法行动和重大水污染事件调查。公开曝光环境违法典型案件。建立健全有奖举报制度。限期办理群众举报投诉环境问题。加快推进生活方式绿色化。

上塘河"一河（湖）一策"实施方案重点项目汇总表见表 3-38。

表 3-38　　　　上塘河"一河（湖）一策"实施方案重点项目汇总表

序号	分　类	项目数	序号	分　类	项目数
一	**水资源保护**		四	**水环境治理**	
1	节水型社会创建		9	入河排污（水）口监管	1
2	饮用水水源保护		10	水系连通工程	
二	**河湖水域岸线管理保护**		11	"清三河"巩固措施	1
3	河湖管理范围划界确权	1	五	**水生态修复**	
4	清理整治侵占水域岸线、非法采砂等	1	12	河湖生态修复	5
三	**水污染防治**		13	防洪和排涝工程建设	
5	工业污染治理		14	河湖库塘清淤	38
6	城镇生活污染治理		六	**执法监管**	
7	农业农村污染防治	2	15	监管能力建设	
8	船舶港口污染控制			合　计	49

上塘河"一河（湖）一策"实施方案重点项目推进工作表见表 3-39。

河道支流基本情况调查表见表 3-40。

沿河水闸、闸站调查表见表 3-41。

表3-39　上塘河"一河（湖）一策"实施方案重点项目推进工作表

分类		序号	市（县、区）	牵头单位	项目名称	项目内容	完成年限
一、水资源保护	（一）落实最严格水资源管理制度						
	（二）水功能区监督管理						
	（三）节水型社会创建						
	（四）饮用水水源地保护						
二、水域岸线保护	（五）河湖管理范围划界	1	海宁市	嘉兴市水利局	嘉兴市杭嘉湖南排工程管理局2017年度工程划界	对2017年度杭嘉湖南排工程管理范围内纳入省级标准化管理名录的229.88km提防和5座水闸进行地形测量、划界方案编制及放样定桩	2017
	（六）水域岸线保护	2	海宁市	嘉兴杭嘉湖南排工程管理海宁	嘉兴市杭嘉湖南排工程海宁河道管理站创标补充岗位	盐官下河、上塘河日常巡河养护等	2018
	（七）标准化管理						
三、水污染防治	（八）工业污染治理						
	（九）城镇生活污染治理						
	（十）农业农村污染防治	1	海宁市		农牧结合配套工程	推广农牧结合	2016—2030
		2			化肥减施工程	推广化肥减施	
	（十一）船舶港口污染控制						
四、水环境治理	（十二）入河排污（水）口监管	1	海宁市	海宁市发展和改革局	主干河网整治工程	老坝头港衰牧洛室及周边4家企业污水纳入管网、补种河道水生植物	2017
	（十三）水系连通工程						
	（十四）"清三河"巩固措施	2	海宁市	海宁市发展和改革局	嘉兴市上塘河西段和泥坝桥港水环境治理一期	新建12套沉水鼓风机、3套喷流曝气机，486m²生态浮岛等相关设施	

续表

分 类		序号	市（县、区）	牵头单位	项 目 名 称	项 目 内 容	完成年限
五、水生态修复	（十五）生态河道建设	1				在新塘河西段采用生态滤墙工艺对水体进行处理	2017.6
		2				中心河、中堤河、盐官河、老坝头港东堤河、大堤河、2号直河，1号直河放置2套刨气式设备，投放生物菌种对河道补种水生植物，对周围企业雨污分流设施实施排查、改造	
		3	海宁市		河湖生态健康体系	对上下河交界沿线5座滚水坝进行改建	2016—2019
		4				打通断头浜、拓宽河道等50条	
		5				在上塘河西段—泗安港下游建设10道生态滤墙工艺和50m微生物强化净化工艺对水体进行处理、在许村大桥至许村船闸段增加曝气工艺	2017.6
	（十六）防洪和排涝工程建设						
	（十七）水土流失治理						
	（十八）河湖库塘清淤				上塘河支流河段清淤计（2017—2020）	见表3-14	2017—2020
六、执法监管	（十九）监管能力建设						

表 3-40 河道支流基本情况调查表

序号	所属镇	支流名称	长度/m	宽度/m
1		胜利港	900	9~14
2		凌家埭	1500	20~500
3		双联村支流	60	7~8
4		莫家埭	1023	9~26
5		坝桥港	4300	30~50
6		东河	1000	6~22
7		运输河	4150	10~30
8		西斜港	690	6~10
9	许村镇	王闸涧	1190	8~12
10		东斜港	4206	8~12
11		凌家门	345	4~7
12		尹家涧港	2162	8~12
13		谢家埭港	675	6~9
14		阮家浜	540	2~4
15		状元坝港	1920	3~11
16		凌家港	2000	5~9
17		高家木桥支流	420	8~10
⋮	⋮	⋮	⋮	⋮
73	盐官镇	盐官上河支流	1600	14~16

表 3-41 沿河水闸、闸站调查表

序号	所属镇	构筑物名称	规模/m
1		施元水闸	
2		施元机站	
3		莫家堰闸	1×3
4		建军机站	
5	许村镇	红旗机站	
6		龙渡水闸	
7		龙渡机站	
8		万家漾水闸	
9		万家漾机站	

续表

序号	所 属 镇	构筑物名称	规模/m
10	许村镇	许村泄洪闸上首闸	1×6
11		冯家水闸	
12		冯家机站	
13		许村翻水站	6.24/465/2.7/3
14		东河水闸	
15		砖瓦厂机站	
16		岳风机站	
17		王闸洞水闸	1×3
⋮	⋮	⋮	⋮
79	周王庙镇、盐官镇	上河闸	1×8

3.3　乡镇级方案编制案例分析

以《浙江省杭州余杭区五常街道木桥港"一河（湖）一策"实施方案（2016—2018 年)》的编制为例进行分析。

3.3.1　基本情况

（1）河道概况。木桥港属运河水系，南北东西走向，南起沿山港，东至顾家桥港，全长 2180m，河宽 8～18m，是五常街道主要行洪通道。沿线河道两岸以厂房、小区、房产和城镇用地为主，局部地段开发建设中，部分地段未建设。2017 年完成木桥港拓宽整治工程。木桥港主要来水有沿山港、青石滩港，并与长娄港相通至门前港。治理前水质基本为劣Ⅴ类。

（2）河长与河长单位设立依据。相关文件为《关于全面实行五常街道镇乡级河道河长制管理的通知》（五街〔2013〕233 号）及《关于调整五常街道河道河长的通知》（五街"五水共治"〔2016〕5 号）。

3.3.2　污染现状及原因分析

目前，木桥港主要水质指标：高锰酸盐指数为 49.4；氨氮指数为 3.47；总磷指数为 1.10。根据现场初步排查的情况，主要存在问题如下：

（1）上游来水水质差。沿山港闲林方向来水水质基本为劣Ⅴ类，青石滩港来水基本为劣Ⅴ类。

（2）生活污水影响水质。由于沿河道两岸盛丰铭座、浙地人家两座小区的雨污分流不彻底，导致西溪景苑桥边仍有污水流出；西溪景苑雨水管晴天有污水流入；五常大道雨水管有污水流入。

（3）木桥港河道整体不流通，水体自我净化能力较差。

3.3.3 治理目标

根据统筹规划、标本兼治、综合整治、改善质量的原则，紧密结合五常街道整治规划、"五水共治"专项工作目标规划要求，采取综合整治、分阶段实施的方式，已完成治理目标为：2017 年 9 月底前河道水体水质达到Ⅴ类；截至 2018 年，河道水体水质稳定在Ⅴ类。

3.3.4 治理方案

本河道整治措施结合"五水共治"工作，按照"拆、理、清、建、治、管"六字有效开展。同时，结合本河道的污染现状及原因，根据"一河（湖）一策"制定相关的河道治理方案。

（1）由街道"五水共治"办牵头，农业科负责加快推进木桥港拓宽整治工程，力保 2017 年完工。

（2）由街道"五水共治"办牵头，城建科负责，加强对沿河工业企业的环境执法动态监管，对污水超标排放等环境违法行为予以严厉查处。督促沿河暂时无法纳管的企业进行截污纳管改造，确保达标排放。

（3）由河长牵头，城管服务中心、城建环保科负责加快对雨污混流雨水口整改落实。

（4）由街道"五水共治"办牵头，负责建立有效的河道环境长效管理机制，确保河道治理成果得到巩固，公众对河道环境的满意度得到提升。

（5）由街道"五水共治"办牵头，农业科负责加快推进沿山港闸站建设，完工后利用闸站增加配水时次，提高水体流动性，改善区域总体水质。

木桥港污染现状分析样表见表 3-42。

表 3 − 42 　　　　　　木桥港污染现状分析表

序号	污染源	种　类	数　　量	排放量/(t·d⁻¹)
1	工业污染源	工业排污口	—	
2	农业污染源	养殖场排污口	—	
		农产品加工点排污口	—	
		"农家乐"排污口	—	
3	生活污染源	生活排污口	4个（雨水口阳台洗衣水混流）	
4	航运污染源	船舶废油	—	
		生活垃圾	—	
		生活污水	—	
5	其他污染源	采砂（石）	—	
		港口（码头）	—	
		河床耕作	—	
		违章建筑	16处，7604m²	
		"八小"行业	—	

　　木桥港水环境治理重点项目主要由生活污水治理、河道整治修复、以拆迁代替治理、河道河岸长效管理组成，见表 3 − 43～表 3 − 46。

表 3 − 43 　　　　　　生　活　污　水　治　理

序号	项目名称	项　目　内　容	完成年限	工作要求
1	雨水口整治	五常大道木桥港雨水口整治	2017	完成
2		西溪景苑小区雨水口整治		
3	截污纳管工程	浙地人家小区污水纳管		

表 3 − 44 　　　　　　河　道　整　治　修　复

序号	项目名称	项　目　内　容	完成年限	工作要求
1	河道清淤	1.8万 m³（多少万 m³、淤泥处置方式）	2017	清淤
2	河道整治	2.18km、整治内容清淤、砌石、绿化		拓宽整治
3	河道生态治理	—		
4	水生植物种植	—		
5	河道周边小微水体治理	—		

注　生态治理包含微生物菌剂投放、原位净化、曝气、水生植物种植、水生动物投放等综合性生态治理措施；单纯植物种植不算生态治理。

表 3 - 45　　　　　　　　　以 拆 迁 代 替 治 理

项 目 名 称	项 目 内 容	完成年限	工作要求
木桥拓宽整治	拆除河道红线范围内建筑	2017	完成

表 3 - 46　　　　　　　　河 道 河 岸 长 效 管 理

序号	项 目 名 称	项 目 内 容	完成年限	工 作 要 求
1	河面保洁	保洁频次要求	2017	河面无漂浮物、垃圾、杂草等
2	河岸保洁	保洁要求		河岸无垃圾、堆积物等

第4章

山区型河道"一河（湖）一策"
方案编制案例分析

4.1 省级方案编制案例分析

以《钱塘江"一河（湖）一策"方案（2018—2020年）》为例，介绍省级山区型河道"一河（湖）一策"方案编制方法。

4.1.1 河（湖）概况

钱塘江是浙江省最大的水系，由马金溪、常山港、衢江、兰江、富春江、钱塘江干流和浦阳江、新安江、金华江等12条支流组成。北源新安江，河长588.73km；以南源衢江上游马金溪起算，河长522.22km，流经今安徽省南部和浙江省，流域面积5.51万km²，经杭州湾注入东海。

流域内的千岛湖（新安江水库），地处钱塘江上游与安徽省交界处，位于杭州市淳安县、建德市，是长三角地区最大的淡水人工湖。千岛湖坝址以上控制集水面积为1.05万km²，约占钱塘江流域面积的1/4，湖面面积约573km²。

流域内的仙霞湖（湖南镇水库），位于衢州市衢江区，是衢州市区重要的生活生产饮用水源，涉及衢州市衢江区和丽水市遂昌县两部分，衢江区范围涉及湖南镇、举村乡、岭洋乡、黄坛口乡等4个乡镇，遂昌县范围涉及湖山乡、西畈乡、焦滩乡、金竹镇、石练镇等11个乡镇。湖南镇水库集水面积为2151km²，黄坛口水库集水面积为2388km²，总库容约22.27亿m³。

4.1.2 存在的问题

4.1.2.1 水环境质量仍需进一步改善

千岛湖和仙霞湖的水质总体良好，但是总氮、总磷污染问题仍需改善，富营养化趋势仍需控制。

4.1.2.2 饮用水水源保护区违规建设仍然存在

流域内部分饮用水水源一级保护区内仍建有农村水电站，其中金华市4座、丽水市10座，在一定程度上对自然生态环境造成改变和破坏，影响饮用水安全。

4.1.2.3 基础设施建设仍需完善

钱塘江流域沿线城镇生活污水虽然已经采用纳管处理，但仍存在着雨污未分流、管道老化失修等问题。此外，千岛湖和仙霞湖的总氮总体水平呈缓慢上升趋势，需进一步加强基础设施建设和农业面源污染控制；部分农村污水处理设施和生活垃圾处理设施建设有待进一步提升；农业面源污染面广量大，管理制度亟须完善，监管力度亟须加强。

4.1.2.4 岸线管理与保护仍需加强

新安江水库和湖南镇水库的管理保护范围未进行划定。水利工程标准化建设仍需要加强。

4.1.2.5 执法监管能力有待提升

流域内仍存在非法排污、设障、捕捞、养殖、采砂、围垦、侵占水域岸线等现象。河道巡查力度仍显不足，执法能力有待增强，信息化建设水平有待提高。

4.1.3 总体目标

按照"五水共治"重大战略决策要求，扎实推进钱塘江水环境治理，主要水污染物排放总量明显下降，地表水环境质量明显改善，人民群众满意度明显提高。预计到2020年，钱塘江流域重要江河湖泊水功能区水质达标率达到95%，地表水省控断面达到或优于Ⅲ类水质比例保持为100%；交接断面水质达标率达到100%。全面完成县级及以上河道管理范围划界。严厉打击侵占水域、非法采砂、乱弃渣土等违法行为，加大涉水违建拆除力度，实现省级、市级河道管理范围内基本无违建，县级河道管理范围内无新增违建，基本建成河湖健康保障体系和管理机制，实现河湖水域不萎缩、功能不衰减、生态不退化。

千岛湖和仙霞湖水质稳中趋好，湖体营养状态维持现有营养状态或有所改善。预计到 2020 年，湖体水质达标率保持 100%，入库支流水质达标率达到 100%。持续削减流域入湖污染负荷量，全面修复入湖河流、河口和环湖缓冲带生态系统，实施生态修复及森林提质工程等，实现湖泊水质长期稳定维持较好水平，全面深化湖长制，提升绿色发展动力，完善生态补偿机制等，基本形成"湖库水质保持优良，生态环境全面提升，生态经济高效发展，人与自然和谐共处"的发展态势。

4.1.4　主要任务

4.1.4.1　加强水资源保护

1. 全面推进县域节水型社会建设

贯彻实施"国家节水行动"，加快推进水资源利用方式根本性转变。截至 2018 年，流域内第一批通过节水型社会建设验收的县（市、区）完成国家达标任务；第二批完成县域节水型社会建设中期督查；其他县（市、区）加快推进县域节水型社会建设。预计到 2020 年，2/3 以上县（市、区）完成节水型社会建设。

2. 严格水功能区管理监督

完成钱塘江流域重要水功能区纳污能力核定，提出限制排污总量意见。加强流域内重要水功能区水质监测和达标考核。推进重要饮用水水源地安全保障达标建设，建立健全水源地安全评估制度。

3. 加强入河排污口监督管理

加强新建、改建或扩建入河排污口设置审核，开展入河排污口整改提升工作，推进入河排污口规范化建设，实现规模以上入河排污口监督性监测全覆盖。将入河排污口日常监管列入基层河长履职巡查的重点内容，依法查处违法设置的入河排污口。

4. 强化饮用水水源保护

科学划定和优化完善饮用水水源保护区，强化饮用水水源规范化建设。实施县级以上集中式饮用水水源地安全保障达标建设，健全水源地安全评估制度，全面提高城乡饮用水安全保障水平。严格饮用水水源周边有毒有害物质全过程监管。加强浙江省主要江河源头水源地良好水体的综合保护和治理，对千岛湖、沙金兰水库、沐尘水库、仙霞湖（湖山湖）等重点湖库，开展生态安全评估，编制实施良好湖泊生态保护方案。优化饮用水取水排水格局，建立健全城镇供水安全管理制度，加强供水安全保障。加强地下水保护和人工增雨保障。

4.1.4.2 河湖水域岸线管理保护

1. 河湖管理范围划界工作

加大水域保护力度，严禁非法侵占水域，推进河湖管理范围划界和河湖岸线管理保护工作；设立界桩等标识，明确管理界线，严格涉河湖活动的社会管理；划定河湖生态缓冲带，明确生态环境管控要求；开展新安江水库和湖南镇水库的管理范围和保护范围划定。

2. 水域岸线保护

推进河湖管理范围划界确权工作，预计到 2020 年，全面完成县级及以上河道管理范围划界；推进重要江河水域岸线保护利用管理规划编制；推进"多规合一"，严格河湖岸线空间管控，进一步规范内河港口岸线使用审批管理；流域内主要河湖分级制定《水域岸线保护与开发利用总体规划》。

3. 防洪排涝工程建设

基本完成钱塘江干堤达标建设，通过加固（新建、提标）干流堤防和分滞洪水等措施，进一步完善设防有别、弃保有序的"中防""中分"体系，提高沿江城市和重点镇洪水防御能力；重点推进开化县开化水库等大中型水库建设，实施库区整治，充分发挥现有大中型水库防洪能力。

4. 标准化创建

开展水库、山塘、海塘、堤防、水闸、泵站、农村供水工程、水电站和水文测站等水利工程管理地方标准制定工作；全面建立水利工程长效运行管理机制，建立健全管理责任机制、资金保障机制、运行维护机制和行政监管机制。截至 2018 年，已完成 1318 个水利工程的标准化管理创建工作。预计到 2020 年，完成 3163 个水利工程的标准化管理创建工作。

4.1.4.3 加强水污染防治

1. 工业污染治理

工业企业（工业园区）"污水零直排区"建设。所有企业实现雨污分流，工业企业废水经处理后纳管或达标排放。纳管工业企业污水必须满足《污水排入城市下水道水质标准》（GB/T 31962—2015）相关要求。工业园区内雨水、污水收集系统完备，雨水污管网布置合理、运行正常，纳污处理设施与污水产生量匹配。工业园区内所有入河排污（水）口完成整治。预计到 2020 年，所有省级以上工业集聚区全部建成"污水零直排区"。2018 年钱塘江流域建设工业园区"污水零直排区"10 个，其中杭州市淳安县 1 个。

（1）集中治理工业集聚区水污染。做好工业集聚区污水集中处理设施的自动在线监控装置的日常维护，确保装置正常、稳定、连续运行。严格重污染行业重金属和高浓度难降解废水预处理和分质处理，推行重点行业废水输送明管化，加强企业雨污分流、清污分流，强化企业污染治理设施运行维护管理。加强水循环利用，提高用水效率。

（2）严格控制高污染行业发展。加快推进水污染仍较突出的区域、行业和企业整治，依法依规淘汰和关停、搬迁，限制高污染企业规模。有序关停千岛湖流域内有色金属采矿、电镀、化工等重污染企业。对富阳"低、小、散"造纸企业进一步整合，对钱塘江上游小化工企业关停、转迁。大力推进以"机器换人"为主要内容的减污、节水、废水处理及回用的绿色制造技术改造，推进企业应用先进节水工艺装备和实施清洁生产，大力提高工业水资源利用效率。完成造纸、钢铁、氮肥、印染、制药和制革等六大重点行业清洁化改造任务。

（3）整治提升主要涉水行业。以实施排污许可证管理为核心，深化涉水行业环境管理，持续开展水环境影响较大的落后企业、加工点、作坊的专项整治，严格重污染行业重金属和高浓度难降解废水预处理和分质处理，加强对纳管企业总氮、盐分、重金属和其他有毒有害污染物的管控。以钢铁、水泥、化纤、印染、化工、制革、砖瓦等行业为重点，加快淘汰高耗能重污染行业落后产能。全面开展"散乱污""低小散"企业清理整治，建立管理台账，实施分类处置。2018 年钱塘江流域整治涉水行业规模企业 83 家，其中衢江区完成整治 2 家、遂昌县整治 1 家。

2. 城镇生活污染治理

（1）城镇生活小区"污水零直排区"建设。城镇生活小区、城中村、建制镇建成区深入开展城镇雨污分流改造，做到"能分则分、难分必截"。对因条件限制确难实施改造的区块、排水户以及在 2 年内拆迁改造的一些区块，应根据具体情况，因地制宜建设临时截污设施，防止污水直排。对现有截流式合流制

排水系统和阳台污水合流制排水系统进行改造。新建小区必须严格实行雨污分流，阳台污水设置独立的排水系统。2018 年，钱塘江流域建设城市居住小区"污水零直排区"80 个，其中淳安县 2 个、衢江区 1 个、遂昌县 1 个。

（2）加快城镇污水处理设施建设与改造。制订实施城镇污水处理厂新建、配套管网建设等设施建设计划，解决萧山区 20 万 t 城镇生活污水处理缺口。全面完成管网底账、污水处理设施处理能力排摸工作。强化和规范污水处理厂管理，制定实施城镇污水处理厂清洁排放标准，新建日处理规模 1 万 t 以上、《水污染防治行动计划》（以下简称"水十条"）考核和最严格水资源管理考核中水质不达标断面汇水区域内的城镇污水处理厂率先实施提升改造。

2018 年，钱塘江流域启动 29 个城镇污水处理厂清洁排放技术改造，建设改造城镇污水配套管网 620km，其中淳安县、衢江区、遂昌县分别建设改造城镇污水配套管网 18.5km、29.4km、6km。预计到 2020 年，流域内县城以上城市建成区污水基本实现全收集。

（3）推进污泥处理。建立针对污泥产生、运输、储存、处置全过程的监管体系；污水处理设施产生的污泥应进行稳定化、无害化和资源化处理处置；禁止处理不达标的污泥进入耕地；非法污泥堆放点一律予以取缔。预计到 2020 年，流域内县以上城市污水处理厂污泥无害化处置率达到 100%。

（4）坚持"一厂一策"，所有城镇污水处理厂保证正常稳定运行并执行一级 A 或以上标准。持续提升污水处理能力，实施污水处理厂清洁排放标准，着力加大配套管网建设力度。预计到 2020 年，流域内所有设市城市、县城、建制镇实现污水截污纳管和污水处理设施全覆盖。加快推进污水再生水利用。在排污口下游、干支流入湖地区因地制宜建设城镇污水处理厂尾水处理人工湿地。优化城镇污水处理厂规划，鼓励小型化分散式布局、生活污水与工业污水分质处理，新建城镇污水处理厂优先考虑结合再生水利用，政府参与的新建城镇污水处理厂项目全面实施政府和社会资本合作（PPP）模式。加强城镇污水处理设施运行管理，建立完善污水处理设施第三方运营机制，强化进出水监管，进一步提高出水水质。做好城镇排水与污水收集管网的日常养护工作，提高养护技术装备水平。全面实施城镇污水排入排水管网许可制度，依法核发排水许可证，切实加强对排水户污水排放的监管。工业企业等排水户应当按照国家和地方有关规定向城镇污水管网排放污水，并符合排水许可要求，否则不得将污水排入城镇污水管网。

3. 农业农村污染防治

（1）畜禽养殖污染防治。优化种养业空间布局，严格执行禁限养区制度，根据畜禽养殖区域和污染物排放总量"双控"制度以及禁养区、限养区制度划定两岸周边区域畜禽养殖规模。发展农牧紧密结合的生态养殖业，减少养殖业单位排放量。新建、改建、扩建规模化畜禽养殖场（小区）要实施雨污分流、粪便污水资源化利用，散养密集区要实行畜禽粪便污水分户收集、集中处理利用。切实落实规模养殖场主体责任，加强治理设施的日常维护，确保"两分离、三配套"设施正常运行，排泄物做到定点、定量、定时农牧对接、生态消纳。消纳基地需配套建设储液池、输送管网等设施设备，储液池（罐）能储存 2 个月以上污水量，确保排泄物全利用、零污染。存栏 500 头以上规模养殖场全面建设封闭式集粪棚，确保畜禽养殖污染治理第三方抽查运行的合格率 100%、巡查到位率 100%。

2018 年，钱塘江流域完成 748 个存栏 500 头以上规模养殖场封闭式集粪棚建设，其中淳安县、衢江区、遂昌县分别完成 9 个、54 个、18 个；建设美丽牧场 92 个，其中淳安县、衢江区、遂昌县分别建设 2 个、15 个、2 个。不断完善线下网格化巡查与线上智能化防控相结合的长效机制，进一步提升养殖场污染防治的精细化、标准化水平。预计到 2020 年，流域内畜禽排泄物资源化利用率达 97% 以上。

（2）水产养殖污染防治。组织编制实施县域现代生态渔业规划，调整优化水产养殖布局，科学划定禁养区、限养区，明确水产养殖空间，严格控制水库、湖泊、滩涂和近岸小网箱养殖规模。开展渔场"一打三整治"专项执法行动。持续保持对甲鱼温室、开放型水面投饲性网箱、高密度牛蛙和黑鱼等养殖的整治。鼓励各地因地制宜发展池塘循环水、工业化循环水和稻鱼共生轮作等循环养殖模式，积极发展生态健康养殖技术，大力推广配合饲料替代冰冻小鱼养殖。对水产养殖中使用违禁投入品、非法添加等保持高压严打态势。继续做好开放性水域土著鱼类和滤食性鱼类增殖放流与水生生物资源养护工作。支持各地开展水产养殖集中区域水环境检测和监测。

（3）种植业面源污染防控。以发展现代生态循环农业和开展农业废弃物资源化利用为目标，切实提高农田的相关环保要求，减少农业种植面源污染。持续推进化肥农药减量增效，推广应用测土配方施肥、有机肥替代、统防统治和绿色防控等化肥农药减量技术与模式，持续降低农业面源污染。

2018年，钱塘江流域探索建设59个氮磷生态拦截沟渠示范点，其中淳安县、衢江区、遂昌县分别建设4个、2个、2个。对重点区域实行重点农田氮磷指标监测，并有针对性地加大化肥农药减量力度。健全化肥、农药销售登记备案制度，建立农药废弃包装物和农膜回收处理体系。预计到2020年，全流域主要农作物化肥、农药使用量实现零增长。

（4）全面推进农村环境综合整治。以治理农村生活污水、垃圾为重点，制订建制村环境整治计划。充分发挥城镇污水处理厂的辐射效用，坚持区位条件允许的村庄优先接入污水处理厂。其余地区因地制宜选择经济实用、维护简便、循环利用的生活污水治理工艺，开展农村生活污水治理。预计到2020年，农村生活污水治理村覆盖率达到90%以上，农户受益率达到70%以上。加强处理设施标准化、规范化运行维护管理，培育参与运行维护第三方专业服务机构发展，提高运行维护能力。

2018年，钱塘江流域开展日处理能力30t以上的农村生活污水处理设施标准化运维271个。各县（市、区）均建成农村生活污水治理设施运维监管服务平台，不断提高生活污水的收集处理率、污水处理设施的运行负荷率和达标排放率。实现农村生活垃圾户集、村收、镇运、县处理体系全覆盖，并建立完善相关制度和保障体系。预计到2020年，农村生活垃圾分类处理建制村覆盖率达到50%以上，逐步实现城乡环卫一体化。

4. 船舶港口污染控制

（1）加强船舶污染控制。加快淘汰老旧落后船舶，鼓励节能环保船舶建造和船上污染物储存、处理设备改造。所有机动船舶要按有关标准配备防污染设备。新投入使用的沿海、内河船舶严格按照国家要求执行相关环保标准；其他船舶将2020年年底前完成改造，经改造仍不能达到要求的，限期予以淘汰。全面实施《港口船舶污染物接收、转运、处置设施建设方案》，落实港口船舶污染物上岸工作。全面运行船舶污染物接收、转运、处置监管联单制度和海事、港航、渔政渔港监督、环境保护、城建等部门联合监管制度，做到含油污水、垃圾上岸处理。进一步规范建筑行业泥浆船舶运输工作，禁止运输船舶泥浆排入航道。规范拆船行为，禁止冲滩拆解。

（2）加强港口污染控制。加强港口、船舶修造厂环卫设施、污水处理设施建设规划与所在地城市设施建设规划的衔接。加快推进港口和船舶污染物接收、转运及处置设施建设方案。

2018 年，钱塘江流域的港口、码头、装卸站及船舶修造厂，完成方案建设内容 50％以上。预计到 2020 年，全面完成方案建设内容。强化船舶港口监测和监管能力建设，建立完善船舶污染物接收、转运、处置监管联单制度和联合监管制度，加强对船舶防污染设施、污染物偷排漏排行为的监督检查。

（3）强化船舶港口监测和监管能力建设。建立完善船舶污染物接收、转运、处置监管联单制度，加强对船舶防污染设施、污染物偷排漏排行为的监督检查。统筹水上污染事故应急能力建设，建立健全应急预案体系，完善应急资源储备和运行维护制度，强化应急救援队伍建设，提升油品、危险化学品泄漏事故应急处置能力。

加强航运监管。船舶检验部门要加强运输船舶的防污结构和设备的设计图纸审核及检验。港口行政管理部门要督促港口经营单位按照法律法规规定的要求不断完善港口安全设施，定期开展监督检查。海事管理机构要加强运输船舶防污染监督管理，强化船员环保意识。加大巡航力度，改善通航秩序，运用船舶综合监管系统、船舶自动识别系统（AIS）、全球定位系统（GPS）等信息化手段，对进出港口的危险品船舶实行有效动态监管。预计到 2020 年，有效控制内河航运规模，实现船舶环境风险全程跟踪监管。

4.1.4.4　加强水环境治理

1. 流域水环境综合治理

深入实施控制单元水质达标（保持、稳定）方案，对氨氮、总磷、重金属及其他影响人体健康的主要污染物采用针对性措施，加大整治力度。实施水生态环境控制单元精细化管理。强化水环境质量目标管理，按照水环境功能区确定各类水体的水质保护目标，逐一排查达标状况，制定实施水质达标方案。预计到 2020 年，25 个"水十条"考核断面水质稳定达标。完善流域、区域协作机制，同一流域相邻的市、县（市、区）政府应当建立水污染防治协商协作机制，跨行政区域流域应由所在区域共同的上级政府建立联合防治协调机制，实施联合监测、联合执法、应急联动、信息共享。跨行政区域河流交接断面水质达标率力争达到 100％。

2. 入河排污（水）口监管

持续推进排污口排查清理工作，全面清理非法设置、设置不合理、经整治后仍无法达标排放的排污口。对保留的排污口、雨排口实施"身份证"管理，设置规范的标识牌，公开排放口名称、编号、汇入主要污染源、整治措施和时限、监督电话等信息，并将入河排放口日常监管列入基层河长履职巡查工作的重点。对偷设、私设的排污口、暗管一律封堵，对污水直排口一律就近纳管或采取临时截污措施，对雨污混排口一律限期整改。预计到2020年，全面取缔和清理非法或设置不合理的入河排污口。

3. 水系连通工程建设

推进河湖水系连通性，维护河湖完整和功能完好，实现从注重单目标治理向注重系统治理转变。按照"引得进、流得动、排得出"的要求，逐步恢复水体自然连通性，开展平原区活水工程，拆除清理堵坝、坝埂等阻水障碍，打通"断头河"，拓宽"卡脖河"，实施引配水工程，通过增加闸泵配套设施，整体推进区域干支流、大小微水体系统治理，增强水体流动性，恢复水体自净和生态修复能力。

完善"一河（湖）一档"和"一河（湖）一策"，构建河湖基础信息数据库，分析提出并落实每条河道治理对策。开展"清三河"成效复查和长效管理，加强对整治已达标河道的监管，各条河道定期开展复查和评估，确保"五水共治"和垃圾河、黑河、臭河、劣V类水体整治成果不反弹，积极开展"美丽河湖"建设。推进"清三河"工作向小沟、小渠、小溪、小池塘等小微水体延伸，参照"清三河"标准开展全面整治，按月制订工作计划，以乡镇（社区）为主体，做到无盲区、全覆盖。加强河道保洁长效管理，健全河道保洁长效机制，制定河道保洁工作方案。加大河道两岸污染物入河管控措施，重点做好河道两岸地表100m范围内的保洁工作，加强范围内生活垃圾、建筑垃圾、堆积物等的清运和清理，对无证堆场、废旧回收点进行清理整顿，定期清理河道、水域水面垃圾、河道采砂尾堆、水体障碍物及沉淀垃圾。

4.1.4.5 水生态修复

1. 生态河道建设

开展河道生态示范工程建设，强化山水林田湖草系统治理，科学开展水生生物增殖放流，保护水生生物多样性。推进河道综合整治，构建江河生态廊道。结合城市防洪工程建设、河道堤防提标加固、沿河村镇环境改造、小流域综合治理、休闲旅游设施建设，逐步推进全流域河道综合治理。加强滨河（湖）带生态建设，制定实施河湖生态缓冲带综合整治工作方案，强化缓冲带对河湖的生态保护功能。通过水系联通、水岸环境整治及基础设施配套，建设生态河流、防洪堤坝、健身绿道、彩色林带，有机串联沿线的特色村镇、休闲农园、文化古迹和自然景观，着力构筑集生态保护、休闲观光、文化体验、绿色产业于一体的流域生态廊道。开展小型水库（小水电站）的专项整理，取消一批、关停一批、整治一批，让山溪、河流恢复活力，建设美丽河湖 29 条（个）。

2. 水土流失治理

加强水土流失重点预防区域、重点治理区的水土流失预防监督和综合治理，开展封育治理、坡耕地治理、沟壑治理以及水土保持林种植等综合治理措施，开展生态清洁型小流域建设，维护河湖源头生态环境。推进市本级和各县（市、区）政府规范建立水土保持目标责任制度，加强生产建设项目水土保持管理，规范"事中""事后"监管，严格落实水土保持"三同时"制度。

3. 河湖库塘清淤

全面开展河湖库塘清污（淤）工作，制定分年度清淤方案，与河道综合整治、池塘整治、城区河道清淤、航道清淤、重大工程等相结合，推进生态清淤、淤泥脱水、垃圾分离、余水循环处理的一体化、流程化，有效清除河湖库塘污泥，全力打好治污泥歼灭战。截至 2018 年，钱塘江流域已完成清淤 1610 万 m^3。妥善处置河道淤泥，加强淤泥清理、排放、运输、处置的全过程管理，避免产生二次污染。建立淤疏工作机制，恢复水域原有功能，实现河湖库塘淤疏动态平衡。对废弃的山塘水库进行整治，改善生态环境。

4.1.4.6　执法监督

1. "无违建河道"创建

加强河湖管理范围内违法建筑查处，打击河湖管理范围内违法行为，坚决清理整治非法排污、设障、捕捞、养殖、采砂、围垦、侵占水域岸线等活动。建立河道日常监管巡查制度，利用无人机、人工巡查、建立监督平台等方式，实行河道动态监管。确保水域管理、保护、监管、执法责任的主体、人员、设备和经费。运用先进技术手段，对重点水域、重点污染防控区、重点排污河段、重要堤防、大型水利工程、跨界河湖节点等进行实时监控。推进流域河湖监管信息系统建设，逐步实现河湖监管信息化。

2. 河湖管理日常保护监管执法

各有关部门应切实履行涉及河湖管理保护的行政职能，需要联合执法的，由主管部门组织，有关部门或单位应积极配合。完善行政执法与刑事司法衔接机制，严厉打击涉河湖违法行为，坚决清理整治非法排污、取排水、设障、捕捞、养殖、采砂、采矿、围垦、侵占水域岸线、涉水违建等活动。

3. 监管水平提升

完善水环境监测网络。目前已完成国家地表水环境质量监测网水质自动监测站建设和联网工作。基本实现市级环境监测机构应急预警和特征污染因子监测全覆盖，逐步开展农村集中式饮用水水源地水质监测。但仍要继续加强环境监测执法队伍建设，配足配强县（市、区）环境监测执法监管队伍；乡镇（街道）及工业集聚区结合综合行政执法改革，落实必要的环境监管力量；完善浙江省污染源自动监控网络，建立较为完善的污染源基础信息库和智慧化的环境执法监管平台。

4.1.5 保障措施

4.1.5.1 强化组织领导

各市、县（市、区）政府要切实加强对钱塘江水环境治理工作的领导，进一步落实责任，坚持政府一把手亲自抓、负总责。全面实施河长制，钱塘江流域总河长由分管副省长担任，各市域境内的河段分别由相关设区市市委书记和市长担任市级总河长。在钱塘江总河长的领导下，分别负责牵头推进所包干河段水环境治理的重点工作，强化督促检查，确保完成各项工作目标任务。千岛湖和仙霞湖省级湖长均由钱塘江省级河长担任。

4.1.5.2 强化督查考核

由各级河长制办公室考核"一河（湖）一策"工作实施情况。涉及县（市、区）、乡镇（街道）和村（社区）按行政辖区范围建立"部门明确、责任到人"的河长制工作体系，强化层级考核。各级河长制工作领导小组办公室定期召开协调会议，同时组织成员单位人员定期或不定期开展督查，及时通报工作进展情况。

4.1.5.3　强化资金保障

进一步强化各项涉水资金的统筹与整合，提高资金使用效率。加大向上对接争取力度，依托重大项目，从发展改革、水利、环保、建设、农业等线上争取资金。同时，多渠道筹措社会资金，引导和鼓励社会资本参与治水。

4.1.5.4　强化技术保障

加大对河道清淤、轮疏机制、淤泥资源化利用以及生态修复技术等方面的科学研究，解决"一河（湖）一策"实施过程中的重点和难点问题。同时，加强对水域岸线保护利用、排污口监测审核等方面的技术培训及交流。

4.1.5.5　强化宣传教育

充分发挥广播、电视、网络、报刊等新闻媒体的舆论导向作用，加大对河长制的宣传，让水资源、水环境保护的理念真正内化于心、外化于行。加大对先进典型的宣传与推广，引导广大群众自觉履行社会责任，努力形成全社会爱水、护水的良好氛围。

钱塘江、千岛湖和仙霞湖的"一河（湖）一策"重点项目汇总表，分别见表 4-1～表 4-3。

表 4-1　　钱塘江"一河（湖）一策"实施方案重点项目汇总表

序号	分　类	项目数	投资/万元	其中 2018 年	
				项目数	投资/万元
一	**水资源保护**				
1	落实最严格水资源管理制度	4		4	
2	水功能区监督管理	3		2	
3	节水型社会创建	14		14	
4	饮用水水源保护	15		15	
二	**河湖水域岸线管理保护**				
5	河湖管理范围划界	5		5	
6	水域岸线保护	3		3	
7	防洪排涝工程建设	13		13	
8	标准化管理	11		10	

续表

序号	分　类	项目数	投资/万元	其中 2018 年	
				项目数	投资/万元
三	**水污染防治**				
9	工业污染治理	23		23	
10	城镇生活污染治理	38		27	
11	农业农村污染防治	36		33	
12	船舶港口污染控制	4		3	
四	**水环境治理**				
13	流域水环境综合治理	6		6	
14	入河排污（水）口监管	4		3	
15	水系连通工程	1		1	
16	"美丽河湖"建设	6		6	
五	**水生态修复**				
17	河湖生态修复	5		5	
18	防洪和排涝工程建设	17		15	
19	水土流失治理	4		4	
20	河湖库塘清淤	18		17	
六	**执法监管**				
21	监管能力建设	9		8	
	合　计	239		217	

表 4 - 2　　千岛湖"一河（湖）一策"实施方案重点项目汇总表

序号	分　类	项目数	投资/万元	其中 2018 年	
				项目数	投资/万元
一	**水资源保护**				
1	落实最严格水资源管理制度	1		1	
2	节水型社会创建	3		3	
3	饮用水水源保护	5		5	
二	**河湖水域岸线管理保护**				
4	河湖管理范围划界	1		1	
5	水域岸线保护	2		2	
6	防洪排涝工程建设	5		5	
7	标准化管理	1		1	
三	**水污染防治**				
8	工业污染治理	1		1	
9	城镇生活污染治理	7		7	

续表

序号	分 类	项目数	投资/万元	其中 2018 年	
				项目数	投资/万元
10	农业农村污染防治	15		15	
四	**水环境治理**				
11	流域水环境综合治理	1		1	
12	"美丽河湖"建设	2		2	
五	**水生态修复**				
13	防洪和排涝工程建设	7		7	
14	水土流失治理	1		1	
15	河湖库塘清淤	2		2	
六	**执法监管**				
16	监管能力建设	1		1	
	合 计	55		55	

表 4-3　　　　仙霞湖"一河（湖）一策"实施方案重点项目汇总表

序号	分 类	项目数	投资/万元	其中 2018 年	
				项目数	投资/万元
一	**水资源保护**				
1	节水型社会创建	2		2	
2	饮用水水源保护	5		5	
二	**河湖水域岸线管理保护**				
3	河湖管理范围划界	1		1	
4	标准化管理	1		1	
三	**水污染防治**				
5	工业污染治理	2		2	
6	城镇生活污染治理	1		1	
7	农业农村污染防治	5		5	
四	**水环境治理**				
8	"美丽河湖"建设	1		1	
五	**水生态修复**				
9	河湖生态修复	1		1	
10	水土流失治理	1		1	
11	河湖库塘清淤	1		1	
六	**执法监管**				
12	监管能力建设	1		1	
	合 计	22		22	

钱塘江、千岛湖和仙霞湖的"一河（湖）一策"重点项目推进工作表，分别见表 4-4～表 4-6。

表4-4 钱塘江"一河（湖）一策"实施方案重点项目推进工作表

分类		市	县（市、区）	牵头单位	项目名称	项目内容	完成年限
一、水资源保护	（一）落实最严格水资源管理制度	杭州市	淳安县	淳安县水利局	水利工程标准化管理创建及管护	154项水利工程标准化管理创建及管护	2018—2020
			江干区	江干区城市管理局	配水调度	持续优化沿线河道引配水，加强沿线工地排水审批，保护水资源，改善河道水质	2018
			大江东产业集聚区	大江东产业集聚区管理委员会规划国土建设局	最严水资源管理制度	严格实施取水许可制度，实施有偿使用制度	
			建德市	建德市水利局		实行水资源消耗总量和强度双控行动，严守三条红线，建立健全水资源承载能力评价和监测，全面实行计划用水管理，推进重点用水户水平衡测试，严格实行水资源有偿使用制度	2018—2020
	（二）水功能区监督管理		江干区	江干区治水办	水质监测	每月定期对钱塘江（杭州段）沿线干支流进行水质监测，严格进行水质监管	2018
			萧山区	萧山区政府		检测单位做好断面水质检测和管理工作	2020
			桐庐县	桐庐县水利局	水功能区水质监测	对富春江流域的考核水功能区进行水质监测	2018—2020
	（三）节水型社会创建		淳安县	淳安县农业农村局	市级农田提升工程	共提升农田面积2985.92亩；主要为排水渠、灌溉渠、机耕路的建设	2018
			淳安县	淳安县水利局	节水型社会建设	管理和制度建设、农业节水、工业节水、生活节水、城镇公共节水、水资源管理、非常规水利用，节水载体创建，水资源管理信息化建设	2017—2019

续表

分类	市	县（市、区）	牵头单位	项目名称	项目内容	完成年限
一、水资源保护（三）节水型社会创建	杭州市	淳安县	淳安县水利局	高效节水喷灌工程	新建、改造固定式喷微灌工程3500亩	2018
		建德市	建德市水利局	小型农田水利综合整治项目	完成100座重要小型水源山塘的综合整治	
			建德市水利局	高效节水灌溉项目	完成6.44万亩高效节水灌溉工程建设，其中耕地旱粮喷灌2.2万亩，水稻区管道型微灌1.4万亩，农业区智能化标准型微灌1.07万亩，林园地经济型喷灌1.77万亩	2018—2020
	绍兴市	诸暨市	诸暨市住房和城乡建设局	"一户一表"	完成1000户"一户一表"改造	
	金华市	浦江县	浦江县住房和城乡建设局	2018双百万节水工程	喷微灌2000亩	
				建设屋顶雨水收集系统	建设屋顶集雨等雨水收集系统	
		磐安县	磐安县水务局、磐安县经济商务局、磐安县住房和城乡建设局、磐安县机关事务管理局	改造节水器具	改造节水器具	
				节水型社会建设	企业清洁生产审核1家，创建节水型灌区1个，创建节水型企业1家，创建节水型公共机构10个，创建节水型小区1个，建设节水宣传教育基地1个	2018
	衢州市	龙游县	龙游县水利局	节水型社会建设	县域节水型社会达标建设1个	
			龙游县水利局	高效节水工程	新增高效节水灌溉面积0.60万亩	
		衢江区	衢江区水利局	节水型社会建设	县域节水型社会达标建设1个	
			衢江区水利局	高效节水工程	新增高效节水灌溉面积0.90万亩	

续表

分类	市	县（市、区）	牵头单位	项目名称	项　目　内　容	完成年限
一、水资源保护 （四）饮用水水源地保护	杭州市	淳安县	淳安县千岛湖建设集团有限公司	水厂及泵站设备更新项目	里杉柏增加潴污泵、坪山水厂部分设备更新	2018
			姜家镇政府	姜家九门桥自来水厂改造工程	取水泵房、送水泵房设备改造、消毒设施改造等	
			淳安县千岛湖建设集团有限公司	世界银行贷款项目：淳安农村饮水安全提升工程	提升改造王阜、枫树岭、叶家、浪川等4个水厂供水能力，新增供水能力10969m³/d	2018—2019
			淳安县水利局	农村饮水安全提升（分散式供水）	巩固提升60余个村约4.35万人口的村级饮水安全项目，实施供水工程标准化改造，主要建设内容包括管网改造、新增水源、蓄水池、净化消毒设施设备、水表安装等	2018
				农村饮水长效管理	完成全县60%农村饮水长效管理机制建设，进行调查摸底，方案编制及水表等计量管理配套设施完善	
		桐庐县	桐庐县环境保护局	富春江军区打炸	漂浮物打捞	
		建德市	建德市城市建设发展投资有限公司	建德市第二水源地建设项目	建设建德市第二水源地，并建设自来水厂	2018—2020
	绍兴市	诸暨市	诸暨市环境保护局	陈蔡水库饮用水水源地环境保护专项行动工作	按照全国集中式饮用水水源地保护专项行动要求摸排陈蔡水库存在问题，并进行整改	2018

续表

分类		市	县（市、区）	牵头单位	项目名称	项目内容	完成年限
一、水资源保护	（四）饮用水水源地保护	金华市	金东区	金东区水务局	金东区农村饮用水安全提升工程	新建澧浦镇毛里塘等12个村、岭下镇等3个村施乡后镇东乡村的引水管网及水表井、阀门井和水泵站等，管道总长36.29km，受益人口达1万多人	2018
		衢州市	衢江区	衢州市乌溪江水源保护管理局	衢州市湖山湖生态安全综合调查项目	对乌溪江衢州与遂昌交界断面下溯至黄坛口水库坝址之间的库区河段及沿岸重要支流（洋溪源、举埠溪、坑口溪）河段和河岸附近一定范围的陆域开展：流域自然环境状况调查；流域社会经济调查；生态健康状况调查、生态服务功能调查；人口调整管理措施调查等。根据调查结果，进行综合分析评价	2017—2020
			衢江区	衢州市乌溪江水源保护管理局	湖南镇污水处理厂及配套管网改扩建项目	改造集镇污水主管道2.5km，更新集镇污水处理站鼓风机、水泵等设备，修建集镇污水站附属设施	
			衢江区	衢州市乌溪江水源保护管理局	市区集中式饮用水水源地保护项目	清理黄坛口库区范围内违法建设项目围内农家乐环境整治、清理、规范排污口；建立水体保洁长效管理机制	
			衢江区	衢江区水利局	饮用水水源地达标	重要饮用水水源地安全保障达标建设1个	2018
			龙游县	龙游县水利局	农村饮水安全提升	农村饮水安全受益人口达0.49万人	
			衢江区	衢江区水利局	农村饮水安全提升	农村饮水安全受益人口达1.81万人	

106

续表

分类	市	县（市、区）	牵头单位	项目名称	项目内容	完成年限
二、河湖水域岸线管理保护 （五）河湖管理范围划界	杭州市	淳安县	淳安县水利局	县级河道管保范围划界	武强溪、枫林港、东源港、云源港等4条县级河道岸线管理保护方案编制及河道管理范围划界	2018—2019
	金华市	永康市	永康市水务局	县级河道管保范围划界	华溪、酥溪、东溪、永祥溪等4条县级河道岸线管理保护方案编制及河道管理范围划界	2016—2018
		浦江县	浦江县水务局	县级以上河道管理范围划界	累计完成171km，设立界桩、百米桩、公里桩；设立警示标识，河长制公示牌等	
	衢州市	龙游县	龙游县水利局	河道管保范围划界	2018年累计完成河道管理范围划界136.30km	2018
		衢江区	衢江区水利局	河道管保范围划界	2018年累计完成河道管理范围划界112km	
（六）水域岸线保护	杭州市	淳安县	淳安县水利局	生态水电示范区建设项目	建设23座生态低坝，河道清淤3000m，生态护岸700m，便桥1座等	
		淳安县	淳安县水利局	霞源水库维修养护工程	霞源中型水库山塘维修养护配套工程	
		江干区	江干区城市管理局	钱塘江（杭州段）水域岸线保护	对钱塘江（杭州段）沿线涉水项目严格监管，巩固2017年无违建河道创建成果	
（七）防洪排涝工程建设		淳安县	淳安县水利局	郁川溪中小流域综合治理工程	郁川溪堤防（护岸）长度29.96km，其中干流13.75km，支流16.21km；支流包括潘家源0.96km、玩川源1.51km、借坑源3.81km、庄源2.18km、横源0.94km、美案坞2.24km、富源2.44km、康塘源1.02km、唐家源0.44km、山源1.98km；新建堰坝5座、修复堰坝19座	2018—2020

续表

分　类		市	县（市、区）	牵头单位	项目名称	项　目　内　容	完成年限
		杭州市	淳安县	淳安县水利局	六都源中小流域方宅至杨家畈段综合治理工程	六都源干流堤脚加固护岸9.11km，新建护岸2.90km，新建、修复堰坝7座；支流新建护岸4.08km，生态堰坝5座，修复堰坝3座；滩地生态治理1处	2018—2019
					中小河流分段治理重要堤防建设工程	新建重要堤防10km	2018
					梓桐源水土流失综合治理项目	封育治理、坡面水系治理、建设生态护岸。治理水土流失面积10.5km²	2018—2019
					中型水库防洪预报调度系统建设	建设枫树岭、铜山、严家等三座中型水库防洪预报调度系统	2016—2018
		绍兴市	诸暨市	诸暨市水利局	白塔湖电排站工程	改造电排站1座	2017—2019
					浦阳江治理二期工程	加固堤防27.95km，提升改造堤防38.7km	2018—2022
		金华市	市本级	金华市水利局	金华市本级金华江治理二期工程	工程涉及市区三江六岸四段堤防综合计长14.11km，其中：金华江右岸婺江大桥至三江口段4.05km，东阳江左岸燕尾洲至电大桥段1.33km；武义江左岸豪乐大桥至梅溪南二环路桥段2.68km；武义江右岸李渔大桥至孟宅桥段6.05km。工程防洪设计标准为50年一遇	2018—2019
		金华市	婺城区	婺城区水务局	婺城区白龙桥镇雅苏排涝闸新建工程	包括排涝泵房、进出水池、闸室、内外河翼墙、金兰水闸及明家桥水闸等	

（七）防洪排涝工程建设

二、河湖水域岸线管理保护

续表

分类	市	县（市、区）	牵头单位	项目名称	项目内容	完成年限
（七）防洪排涝工程建设	金华市	金东区	金东区水务局	国湖水闸除险加固工程	对十㟁弧形钢闸门及相关设施进行改造	2018—2019
		兰溪市	兰溪市水务局	钱塘江堤防加固工程	工程区域涉及7个防洪围片，加固堤线全长47.26km，其中：50年一遇堤防15.31km，20年一遇堤防22.28km；水护岸9.67km。新建排涝泵站10座、水闸11座、改建水闸2座、新建滚水堰2座，涉及桥梁25座（新建6座、桥台围护4座、拆除13座、拆除2座、沿堤"一村一景"治滩地5处473亩、沿堤"一村一景"整治滩地9处59.4亩、利用堤顶及滩地建设绿道63.9km	2016—2020
	衢州市	经济技术开发区	经济技术开发区管理委员会	钱塘江治理衢江婺城段堤防加固工程	航运开发需加固衢江堤防7.3km	2017—2018
		龙游县	龙游县水利局	干堤加固	龙游县治理二期工程完成固堤2km	2018
	杭州市	淳安县	淳安县水利局	防汛应急抢险补助	防汛抢险资金	
		萧山区	堤防管理单位	标准化建设	标识标牌、监控等安装	2020
二、河湖库岸线水域管理保护 （八）标准化管理	绍兴市	诸暨市	诸暨市水利局	诸暨市2018年度重要山塘标准化管理创建	100座重要山塘标准化管理创建工作	2018
	金华市	金东区	金东区水务局	金东区水利工程标准化创建项目	完成水库67座（均为小型水库）、重要山塘35座，防洪标准20年一遇及以上中型堤防6条、灌溉面积5万亩及以上中型灌区1处，日供水200t及以上农村供水工程3座，装机1000kW以上农村水电站2座，最大过闸流量在100m³/s及以上的中型水闸工程2座，共计大类116个工程的标准化创建	2016—2020

续表

分类	市	县（市、区）	牵头单位	项目名称	项目内容	完成年限
二、河湖水域岸线管理保护 （八）标准化管理	金华市	金东区	金东区水务局	金东水利工程标准化维修养护项目	完成17座水库、9座山塘、武义江堤防5.5km和1座水厂的维修养护	2016—2020
		兰溪市	兰溪市水务局	水库、山塘、堤防标准化创建	水库、山塘、堤防标准化创建	
		永康市	永康市水务局	水利工程标准化管理创建及管护	155项水利工程标准化管理创建及管护	2018—2020
		浦江县	浦江县水务局	标准化创建提升工程	接庄安置、山塘环境整治提升等	
		磐安县	磐安县水务局	水利工程标准化创建	2018年创建水库10座、小型水库管理32处、山塘5座、农村供水工程2处、水文测站3处	
	衢州市	龙游县	龙游县水利局	水利工程标准化创建	水利工程标准化创建验收工程47个	
		衢江区	衢江区水利局	水利工程标准化创建	水利工程标准化创建验收工程13个	
三、水污染防治 （九）工业污染治理	杭州市	大江东产业集聚区	管理委员会经济发展局	重点行业企业关停	关停11家印染、化工、电镀企业，浙江富丽达股份有限公司推进工艺技术改造并关停一期6万t粘胶纤维等生产线	2018
		萧山区	萧山区政府	重点行业整治提升	印染、化工、羽绒整治提升，2018年完成30家	
		富阳区	江南新城建设管理委员会	腾退江南区块改造	计划到2020年腾退企业157家，其中2018年已完成31家	
		桐庐县	桐庐县经济和信息化局	企业关停，化工等企业	完成8家企业关停	
		建德市	建德市环境保护局	化工行业领跑示范企业创建	深入开展领跑示范企业创建，对照省级以上化工企业，选择1家行业示范创建、发挥"龙头"示范、领跑效应	

续表

分类	市	县（市、区）	牵头单位	项目名称	项目内容	完成年限
三、水污染防治 （九）工业污染治理	杭州市	建德市	建德市环境保护局	电镀行业领跑示范企业创建	深入开展领跑示范创建，对照省级示范企业标准，选择1家以上电镀企业，完成行业示范企业创建，发挥"龙头"示范、领跑效应	2018
				建设市高新技术产业园区集聚工程	升级完善区域化工园区、园区外包括国际香料香精（杭州）公司、新德环保、白沙化工等8家化工企业集中入园，促进行业优化发展	2018—2020
				污染行业整治	根据相关部署，专项整治金属表面处理（电镀除外）、砂洗、有色金属、废塑料、农副食品加工等涉水行业	
				高新技术产业园区化工集聚点基础设施建设	高新技术产业集聚点雨水、清下水排水口集中应急池建设工程，配套排水管网建设2.5km，预防园区化工不可预见安全事故及"跑、冒、滴、漏"造成的环境污染事故	
		淳安县	淳安县国土资源局	化工行业整治	化工行业严格执行只减不增原则，2018年关停6家，搬迁入园2家	2018
				矿山整治	开展17处废弃矿山治理，关停补偿5家矿山；矿山储量动态监测、核实等矿山管理费用	2018—2020
	绍兴市	诸暨市	诸暨市环境保护局	安华包装园区零直排建设	完善园区内雨、污水收集系统，污水纳入悍头污水处理厂	

续表

分　类	市	县（市、区）	牵头单位	项目名称	项　目　内　容	完成年限
（九）工业污染治理	金华市	兰溪市	兰溪市经济信息化局	兰溪市自立环保科技有限公司年产 35 万 t 危险废物处置利用及 20 万 t 再生电解铜项目（自立铜业）	年处理 20 万 t 无机危险废物；年处理 10 万 t 废线路板和 5 万 t 有机类危险废物；年产 20 万 t 再生铜冶炼	2017—2020
		义乌市	江东街道	江东街道东苑工业区污水管网改造工程	建设雨水管网 4500m，污水管网 4000m	
	衢州市	衢江区	衢州市环境保护局衢江分局	涉水特色行业整治	完成 2 家涉水特色行业整治	2018
		龙游县	龙游县环境保护局	涉水特色行业整治	成 7 家涉水特色行业整治	
		江山市	江山市环境保护局	涉水特色行业整治	成 2 家涉水特色行业整治	
		常山县	常山县环境保护局	涉水特色行业整治	成 1 家涉水特色行业整治	
		开化县	开化县环境保护局	涉水特色行业整治	成 2 家涉水特色行业整治	
		绿色产业集聚区	衢州市环境保护局	涉水特色行业整治	成 6 家涉水特色行业整治	
	丽水市	遂昌县	遂昌县环境保护局	凯圣矿业提升改造	整治提升	
		缙云县	缙云县环境保护局	缙云硅元件厂	整治提升	
		龙泉市	龙泉市环境保护局	浙江施克汽车空调配件有限公司	整治提升	
三、水污染防治 （十）城镇生活污染治理	杭州市	市本级	杭州市城乡建设委员会	七格四期工程污水处理厂	七格四期工程污水处理厂（30 万 t/d）建成投运行	2019
				七格污水处理厂四期污泥处理设施	七格污水处理厂四期工程污泥处理设施（1600t/d）建成投运	
				城西污水处理厂二期	城西污水处理厂二期（5 万 t/d）建成投入运行	

续表

分类	市	县(市、区)	牵头单位	项目名称	项目内容	完成年限
三、水污染防治（十）城镇生活污染治理	杭州市	上城区	杭州市城市管理委员会	雨污分流工作	完成南星街道、复兴路、近江街道、小营街道、湖滨街道、清波街道、紫阳街道等7个单元的雨污分流项目	2019
		江干区	江干区城市管理局	截流井提升改造工程	针对九堡街道往年实施的截污纳管项目的截流设备、新增调蓄设施进行优化	2018
		江干区	杭州市城市管理委员会	雨污分流工作	完成凯旋街道、采荷街道、钱江新城社区、三堡社区、四堡社区、天城社区、景芳社区、三里亭社区、笕桥机场、笕桥街道、笕桥生态公司、秦亭街道、丁桥西社区、丁桥街道、牛田社区、江干科技园、长睦街道、丁桥东街道、九堡北社区、九堡中心、九堡街道、七堡社区等22个单元的雨污分流项目	2019
		西湖区		之江污水处理厂	新建8万t/d处理规模的之江污水处理厂	2020
		西湖区		雨污分流工作	推进转塘、双浦、之江度假区的雨污分流项目	2019
		西湖区		大市政雨污水设施建设配套	推进转塘、双浦、之江度假区大市政雨污水设施配套	2020
		经济技术开发区		雨污分流工作	完成辖区100%雨污分流工作	2019
		萧山区	杭州市萧山污水处理有限公司	钱江污水处理厂四期	新增40万t/d	2018—2020
		萧山区	堤防管理单位	堤防岸线保洁	各管理单位委托物业公司做好所辖堤段保洁	2020

续表

分 类	市	县（市、区）	牵头单位	项目名称	项 目 内 容	完成年限
三、水污染防治 （十）城镇生活污染治理	杭州市	桐庐县	桐庐县住房和城乡建设局	城镇污水管网建设设施建设	城镇污水管网建设，开展截纳污管、雨污分流工作，根据污水厂运行负荷情况适时开展扩建工作	2018—2020
		建德市	建德市住房和城乡建设局	城镇污水处理厂建设	城西污水处理厂建设5000t/d处理规模及配套30t/d污泥处置能力	2018
		淳安县	淳安县千岛湖建设集团有限公司	界首污水处理厂	处理规模1万t/d；其中，一期建设内容为0.5万t/d土建工程、0.25万t/d的设备到位	2017—2019
			淳安县住房和城乡建设局	千岛湖镇生活垃圾转运中心	城区生活垃圾中转站（200t/d）项目建设	2017—2018
			淳安县住房和城乡建设局	垃圾分类经费	社区垃圾分类专项工作经费；有奖积分保障经费；分类垃圾桶、垃圾收集房改造、宣传牌等配套设施；日常运行费及青溪新城垃圾分类运费等	2018
			淳安县千岛湖建设集团有限公司	污水管网疏通及修复工程	对城区管网流通、检测、整改，对排查出的问题进行整改	
			淳安县环境保护局	农村垃圾分类及收集建设项目	青溪新城5个村垃圾分类处置和王阜乡垃圾处置建设房，建设房房2座，阳光房8座，采购3t设备2台，每户配备垃圾桶、收集点等；新建浪川乡垃圾中转站，更新临岐镇中转站设备	
			淳安县住房和城乡建设局	住建局城市运行维护项目	秀水广场管护、园林养护、鲜花摆放、城市环卫、公厕管理等市政管理、环卫日常维护管理	
			千岛湖旅游度假区	区内基础设施提升改造项目	区内景观设施、绿化养护，包括水电、建（构）筑物服务设施，美化、提升、完善维修、绿化块管以及唔兵南侧地块停车场配套建设	

续表

分类	市	县（市、区）	牵头单位	项目名称	项目内容	完成年限
三、水污染防治 （十）城镇生活污染治理	绍兴市	诸暨市	诸暨市建设局	城镇雨污分流改造工程	在3个街道、10个镇乡新建污水管网29.9km，改造污水管网73.7km	2018—2020
	金华市	婺城区	婺城新城区管理委员会	婺城新城污水厂二期工程	新建1座4万d/t的SBR生化池及能处理8万d/t深度处理设施及预处理设施	2017—2018
		兰溪市	兰溪市城市建设投资有限公司	城区雨污分流三期工程	对城区部分区域管道进行雨污分流改造提升	
			兰溪市农村工作办公室	农村生活污水治理终端整改提升项目	终端提升改造	2018
			兰溪市经济开发区管委会	开发区老区块雨污分流改造工程（Ⅲ区块）	对园区老区块（Ⅰ期、Ⅲ期）雨污合流管道分流改造	
		东阳市	东阳市污水处理有限公司四期工程		日处理污水为3万吨，项目总用地面积约33.4亩，污水处理工艺：粗格栅+细格栅+均质调节池+UBF反应池+交替式A2/O+曝气调节池+高密度沉淀池+纤维转盘滤池+消毒，其中提升泵井、消毒间、鼓风机房、脱水机房等和三期共用	
			东阳市建设局	六石街道六徐庄、清塘安、后里村等村庄配套路面及雨污水管道建设工程；上卢片小区配套工程、完成雨污水管道铺设工程；江北街道上卢街等村庄污水管道铺设工程；工业园区截污纳管三期（工业园区）12km污水纳管三期污水管网建设		2018—2019
		永康市	永康市建设局	新增城镇污水主管网50km工程	新增城区、集镇污水管网50km	2018

续表

分类	市	县（市、区）	牵头单位	项目名称	项目内容	完成年限
三、水污染防治 （十）城镇生活污染治理	金华市	磐安县	磐安县建设局	县城垃圾填埋场一期、二期渗滤液收集及填埋场提升改造工程	一期、二期场区封场，布置导气井，地表水导排，垂直防渗，箱涵雨污分流和垃圾填埋场周边环境整治	2018
			尖山镇政府	城区污水管网改造	城区污水管网改造	
		金华市经济技术开发区	金华市经济技术开发区管理委员会	台地垃圾填埋场提标改造工程	新增氨氮吹脱塔，UBF 厌氧反应器，MBR 膜元件，废气收集装置，管道泵阀门等配件	
		金义都市新区	建设管理局	工业园区污水处理厂二期	建设日处理 6000t 的污水处理设备管网等	2020
				老旧小区截污纳管项目	雨污水管道改造工程面积约 369095m²	
				金义都市新区管网建设项目	新增城镇污水管网 10km；完成雨污分流改造 6km	
	衢州市	柯城区	衢州市住房和城乡建设局、衢州市国有资产监督管理委员会	扩建项目	新增污水处理能力 5 万 t/d	2017—2019
			衢州市住建局	衢州市区生活垃圾焚烧发电项目	日处理 1500t 生活垃圾焚烧厂房、宿舍楼，渗滤液处理站及绿化等配套	
				衢州市区生活垃圾中转站	城区生活垃圾中转站（400～450t/d）项目建设	2018—2019
（十一）农业农村污染防治	杭州市	淳安县	淳安县农业农村局	农业面源污染治理	畜禽排泄物资源化利用工程：全年配送液肥量 2 万 t 左右；农业统防统治工程：全年实施农业统防统治面积 7 万亩；废弃农药包装物回收工程：农药废弃包装物回收处置，有机肥推广工程：推广应用有机肥 2 万 t；新建沼气工程 180m³，大出栏维护户用沼气池约 300 只	2018

116

续表

分类	市	县（市、区）	牵头单位	项目名称	项目内容	完成年限
三、水污染防治 （十一）农业农村污染防治	杭州市	淳安县	淳安县千岛湖建设集团有限公司	界首区块污水管网铺设工程（一期）	界首乡政府至严家约7km污水管网铺设	2018—2019
			淳安县环境保护局	农村治污建设项目	沿湖沿溪104个20t/d以上处理端动力改造；20个运维精品农户纳管、洗衣台板、内容包括精品示范村建设、管网更换、管网护管，终端环境提升、消毒设施安装等建设；45个村生活污水接户、管网、终端工程建设	
			威坪镇政府	集镇污水改造四期工程	千黄高速威坪站污水管及朴树均区域截污纳管工程，新增污水管网、提升泵站、生化池，将污水接入处理厂	
			临岐镇政府	临岐镇污水提升工程	对工业园区内260t处理量的终端处理池进行提升，将污水处理排放要求从一级B标提升为一级A标	
			姜家镇政府	银峰小微创业园配套工程	银峰小微创业园污水处理设施建设及绿化配套	
				农村生活污水治理设施运维项目	19个集镇污水处理站和423个行政村、汾口、姜家、威坪、大墅、林深源、梓桐园区、许源、霞五、临岐溪等6处污水处理站运行管理费用	
			淳安县环境保护局	农村垃圾处置运行项目	423个行政村垃圾处置运维、运输费用、垃圾处置设备运维费用及保险费等	2018
				环保小型打捆项目	采购垃圾收集桶、新建垃圾填埋场、实验室小型设备采购、乡镇源头保护小型工程和污染源调查、土壤防治等小型项目	

续表

分　类	市	县（市、区）	牵头单位	项　目　名　称	项　目　内　容	完成年限
三、水污染防治　（十一）农业农村污染防治	杭州市	淳安县	石林镇政府	石林镇乡情山泉污水工程	污水管网及配套设施建设	2018
			汾口镇政府	汾口集镇环境整治提升工程	湖德塘公园：湖德塘总面积约13hm²，对周边环境进行整治、建设环塘游步道及水体治理、土地征用等	2018—2019
			姜家镇政府	浙江省旅游特色小镇创建工程（集镇提升改造）	郁川街滨水广场：对姜家老码头区块景观提升改造、将原污水提升泵站改为地下式	2018
			淳安县农业和农村工作办公室	农村基础设施工程	农村"公厕革命"：提升或改建50座公厕	
			姜家镇政府	石额产业园区基础设施改造工程	标准厂房变电工程、部分道路改造、自来水加压泵站、供水管网、污水管网改建等	2018—2019
		高铁新区	高铁新区	高铁生态产业园基础设施配套项目	园区段1.8km供电管网、产业项目配套3km供电、供水、排污管网	
		西湖区	西湖区农业局	渔业治水促转型	增殖放流60万尾	2018
		大江东产业集聚区	大江东产业管理委员会、经济发展（农业）局	种植业肥药减量	面源污染整治	
		萧山区	沿线镇街	农药、化肥减量增效行动	农药使用量较上年减少1.5%、化肥使用量较上年减少0.6%	2020
				化肥农药减量增效	推行测土配方施肥和生态化养殖等	
				农药废弃包装物回收处理	对农药废弃物开展回收并作专业化处置	
				水产养殖污染防治	推行标准化健康养殖模式、推进化生态池塘改造	

续表

分类	市	县（市、区）	牵头单位	项目名称	项目内容	完成年限
三、水污染防治 （十一）农业农村污染防治	杭州市	桐庐县	桐庐县住房和城乡建设局	农村生活污水处理设施和管网提标改造工程	对农村生活污水处理设施和管网提标改造	2018—2020
		建德市	建德市环境保护局	全面落实农村生活污染治理制度体系	极落实《建德市农村生活污水处理设施运行维护管理办法（试行）》，完善"五位一体"运营管理体系，推广"专业公司+镇+村"的组合运维模式，保障污水处理设施正常运行	2018
			建德市农业和农村工作办公室	农村垃圾资源化减量化分类工作整乡村推进项目	在全市16个乡镇（街道）实施农村垃圾资源化减量化分类工作整乡村推进项目	
				农业废弃物回收处理项目	农业投入品废弃物包装物、废弃农膜回收和集中处理	
	绍兴市	诸暨市	诸暨市农业和农村工作办公室	集镇和城市规划区内生活污水就地生态化处理	对集镇和城市规划区内的42个行政村的98个自然村，累计26001户农户，分两年实施农村生活污水就地生态化治理	2018—2020
				农村生活垃圾分类处理	深入持续推进农村生活垃圾"四分四定"农村生活垃圾分类处理体系，全面建立农村生活垃圾分类处理工作长效机制	
			诸暨市农林局	畜禽养殖污染治理工程、肥药双减实施工程、农药废弃包装物回收处置工程	畜禽养殖排泄物资源化利用工程、治理设施提升改造工程，沼液综合利用；农业绿色防控、统防统治工程；全年实施农业统防统治面积60万亩；废弃农药包装物回收处置、回收率分别达到80%和90%以上；实施测土配方施肥工程，推广应用有机肥5.4万t	2018—2020

续表

分类	市	县（市、区）	牵头单位	项目名称	项目内容	完成年限
三、水污染防治　（十一）农业农村污染防治	金华市	金东区	金东区住房和城乡建设局	金东区农村生活污水治理设施提升改造工程（一期）	金东区沿溪流已建的91个村终端进行提升改造，内容包括加设污水处理设备、附属设施改造、环境美化绿化、监控设备安装等	2017—2018
		兰溪市	兰溪市农林局	兰溪市畜禽养业整治提升项目	将全市范围内所有生猪养殖场进行整治提升	
	衢州市	衢江区	衢州市农业农村局	全国新增千亿斤粮食生产能力规划2017年田间工程	田间道路硬化工程	2018—2019
				衢江区农业投入品废弃物回收处置项目	农业投入品废弃物包装回收处置	2017—2020
			衢州市乌溪江水源保护局	农村生活污水截污纳管	湖山湖库区农村生活污水处理设施建设项目	2018
				农村生活污水截污纳管	对乌引段黄坛口村、下石坪村及龙坛村的生活污水截污纳管	
				湖山湖库区农村生活垃圾无害化处理项目	建设太阳能垃圾发酵房34个、垃圾分类箱、农户分类桶等，覆盖34个村，收益农户11150户，建立农村生活垃圾收运转运系统、统一运送到库区外进行无害化处理	2017—2020
		龙游县	衢州市水利局	防治水产养殖污染	实施水生生物增殖放流鱼苗种827万尾以上	2018
		衢江区		防治水产养殖污染	实施水生生物增殖放流鱼苗种574万尾以上	

续表

分类	市	县（市、区）	牵头单位	项目名称	项目内容	完成年限
三、水污染防治（十二）船舶港口污染控制	杭州市	萧山区	萧山区政府	船舶污染物接收处置设施建设项目	建设2处船舶生活污水公共接收点；2019年建设1处码头船舶生活污水接收点	2020
		富阳区	富阳区政府	船舶污染物接收处置设施建设项目	完成1处码头船舶生活污水接收点建设任务	2018
		桐庐县	桐庐县政府	船舶污染物接收处置设施建设	桐庐县三江、红狮、钓台、南方四家码头，开展生活污水接收设施建设	2018—2019
		建德市	建德市政府	船舶污染物接收处置设施建设	完成2处码头船舶生活污水接收点建设任务	2018
	绍兴市	诸暨市	诸暨市政府	船舶污染物接收处置设施建设	完成1处码头船舶生活污水接收点，2019年完成2处码头船舶油污水接收点、1处码头船舶生活污水接收点，污水泵及管路、污水泵等建设任务	2018—2019
	杭州市	淳安县	淳安县渔政局	千岛湖保水渔业工程	开展千岛湖鱼类资源增殖放流活动；积极开展国家级水产种质资源保护区保护工作；建造复合型人工鱼巢，提高千岛湖土著鱼类繁殖率	2018
四、水环境治理（十三）流域水环境综合治理	金华市	市本级	金华市水利局	金华市区梅溪流域综合治理（干流部分）工程	整治河道14.3km，其中新建堤防23.6km；堰坝2座、新建暗坝2座、改造堰坝6座（其中2座为廊桥形式）；水利博物馆建筑850m²、管护用房1880m²及其他配套设施等；生态绿化100.8万m²	2016—2018
				金华市通园溪综合整治（一期）工程	通园溪河道整治5.53km	2017—2019

续表

分类	市	县（市、区）	牵头单位	项目名称	项目内容	完成年限
四、水环境治理 （十三）流域水环境综合治理	金华市	金东区	金华市文化广电旅游局	金东区义乌江左岸（康济桥至朱塘头）及入仙溪右岸（河口至金义东连接线）绿道工程	金东区义乌江左岸（康济桥至朱塘头）及入仙溪右岸（河口至金义东连接线 2.2km）绿道工程	2015—2018
		兰溪市	兰溪市建设局	扬子江海绵城市生态综合整治工程	以海绵规划设计的理念梳理上华片区现状水系、恢复城区河网水系，解决上华片区内涝等问题，同时做好与扬子江的景观、文化等内容衔接，将扬子江健身为一体成集市民游乐、休闲、运动健身的城市综合型滨水海绵公园	2017—2018
		义乌市	义乌市水务建设集团有限公司	义乌江综合治理（阳光大桥至下朱大桥生态堤防工程）	新建两岸堤防、景观配套亲水台阶，沿江平台游步道及景观人行桥等	2018—2019
（十四）入河排污（水）口位监管	杭州市	上城区	上城区城市管理局	钱塘江（杭州段）排出口监管项目	钱塘江（杭州段）沿线 16 处排出口部分进行封堵，对之江路云江路口、姚江路口等几个重点排出口进行整治，派专人日常巡查，一旦排出口出现异常情况、第一时间上报，并立即查找源头，及时整改	2019
		江干区	江干区城市管理局	排出口监管	开展入河排污（水）口"回头看"，在重点部位加装视频监控设计，进行全面监控、管理	2018
		大江东产业集聚区	大江东产业集聚区管委会国土建设局	开展入河排污口设置审核	开展入河排污口设置审核	2018—2020
	金华市	磐安县	磐安县水务局	城镇污水处理厂排污口监管	台口污水处理厂、尖山污水处理厂等排污口监管	2018

续表

分类	市	县（市、区）	牵头单位	项目名称	项目内容	完成年限
（十五）水系连通工程	金华市	金东区	金华东区水务局	金东区水系激活生态补水项目	对15个村进行水系连通整治，村中所有池塘水系通过渠道涵管等进行水系连通，并在水源处考虑生态补水措施等	2018
	杭州市	淳安县	环境保护局	小微水体综合整治项目	剿灭Ⅲ类以下小微水体975个，重点整治72个	
				千岛湖湖面垃圾打捞、无害化处置及湖区污水上岸项目	湖面垃圾打捞机械化打捞队，环保局保留乡镇源头打捞，开发公司沿湖乡镇垃圾打捞和管理（含保险费），环卫湾所千岛湖镇沿线打捞和污水上岸等费用	
	绍兴市	诸暨市	诸暨市水利局	大唐镇五泄江流域三环线桥至毛阳桥路段综合治理工程	整治河道长1.36km，修建坝堰4座，穿堤涵管8处，景观、绿化建设等	
四、水环境治理 （十六）"美丽河湖"建设	金华市	永康市	永康市水务局	建设"美丽河湖"2条	南溪、东溪建设"美丽河湖"	
	衢州市	龙游县	龙游县水利局、治水办	"美丽河湖"建设	完成灵山港溪口村至龙洲街道驿前村、罗溪罗家乡岭根村下叶村两条河流"美丽河湖"建设	
		衢江区			完成芝溪千金堰古堰底村、江山港后溪浈江村上字村"美丽河湖"建设	

续表

分类		市	县（市、区）	牵头单位	项目名称	项目内容	完成年限
五、水生态修复	（十七）河湖生态修复	杭州市	江干区	江干区治水办	新塘河美化工程	河长3278m，河岸绿地8.5万m²，城市核心区景观绿地，现状品质较差，通过对河岸绿地设施进行全面调整优化，增加美化，彩化配置，使之与城市核心区相匹配，打造"五化两好"示范样板河道。主要涉及二级驳坎，观花、观叶、观草特色植物和垂直绿化的配置；河道两侧绿地的苗木调整，滨水绿带和形特色植物和垂直绿化的配置；标识标牌高标准固和防水土流失措施，设置30处以上；全线亮灯及休闲设施的增设；桥梁驳坎安全及环卫设施配套完善；新塘河和钱江新城文化元素融入6处和	2018
					新塘河深化生态治理工程	河道长3278m，宽15m，水域面积4650m²。拟对原有生态设施进行维修、生态植物进行提升补种，同时增加采用深度处理技术对河道进行治理	
			桐庐县	城南街道办事处	龙潭溪生态治理	龙潭溪生态治理，水生植物种植	
			建德市	建德市水利局	小流域生态治理项目	实施前源溪、邓家溪、甘溪、大洲溪、莲花溪、大同溪、清渚溪等小流域治理工程	2018—2020
		金华市	永康市	永康市农业局	石柱省级湿地公园建设	保育南源溪、李溪及其周边复合湿地，修复南溪受洪泛湿地，控制南溪农业面源污染，充分发挥河流湿地及其周边复合生态系统服务功能，示范区域河流生态多维生态修复，推进浙中经济文明建设，建设浙中经济发达地区集湿地保育与修复、科普宣教、利用示范型河流一体的河流型湿地公园	2018—2022

续表

分　类	市	县（市、区）	牵头单位	项目名称	项　目　内　容	完成年限
				小型农田水利排灌渠系工程	完成新建、改造田间引水利和灌排渠道40km	2018
				2018年度中央财政小型农田水利重点县项目	中洲、汾口片部分灌区改造，新建4500亩低压管道灌溉	
五、水生态修复工程建设	杭州市	淳安县	淳安县水利局	武强溪流域夏山村—余家村段综合治理工程	综合治理河道9.6km，新建堤防5.36km，护岸2.56km，新建加固堤坝6座，滩地滩林修复14.6万m²，保护人口1万人，耕地0.4万亩	2017—2019
				武强溪流域余家—徐家村段综合治理工程	综合治理河道9.6km，新建堤防3.4km，护岸6.2km，新建加固堤坝4座，滩地滩林修复4.7万m²，保护镇区1个，人口1.9万人，耕地0.85万亩	
				武强溪流域仙居村—汾口村段综合治理工程	综合治理河道9.29km，新建堤防0.68km，加固堤防1.63km，新建护岸6.98km，新建加固堤坝5座，滩地滩林修复6667m²，保护镇区1个，耕地0.75万亩	
（十八）防洪和排涝建设				水库除险加固工程	林家坞、连天岭、霞源、下横宅、大同坑水库除险加固工程	
				山塘除险加固工程	1万m³以上山塘除险加固工程。8座山塘上坝道路硬化、灌浆、坝坡整修等；1万m³以下山塘重要整治工程。12座山塘清淤、坝体防渗处理、坝坡培护坡、放水设施维修等	2018

续表

分　类	市	县（市、区）	牵头单位	项　目　名　称	项　目　内　容	完成年限
五、水生态修复　（十八）防洪和排涝工程建设	杭州市	西湖区	西湖区农业农村局	元宝沙堤防维修及滩地整治	清淤、护岸、绿化	2018
		滨江区	创意城管理委员会	塘子堰河（沿山河—萧山界）综合整治工程	长585m，河道两侧绿化带各宽6m	2018
			滨江区城市管理局	绿化工程	永久河临江花园段绿化	
			西兴街道	河道综保工程	西兴后河河道综保工程	
			长河街道	长二河四期综保工程	滨文路北长二河综保工程	2019
		大江东	大江东管理委员会规划国土建设局	萧围北线（四—外六工段、外十至二十工段）标准塘工程	工程全长约12.713km，建设范围分东西两段，西段工程西起四工段排涝闸，东至外六工段排涝闸，长约7.27km。东段工程西起外十工段排涝闸，长约5.45km。堤防设计防洪防潮为100年一遇，塘顶高10.45m，防浪墙顶宽1.45m，堤顶总宽14.70m，主要构筑物级别为1级，施工围堰等临时构筑物级别为4级，标准塘段堤面采用混合式	2018
		桐庐县	桐庐县水利局	桐庐县富春江干堤加固三期工程	加固、新建堤防总长9293m，配套排涝阀站3座，灌溉机埠5座	2020
			凤川街道办事处	大源溪3号堰坝工程	建设景观堰坝1座	2018
			桐君街道办事处	排涝站维修工程	对君山村、梅蓉村3座排涝站进行维修	2018
		建德市	建德市水利局	防洪减灾综合决策系统建设工程	继续推进山洪灾害非工程措施建设；完成富阳江、新安江、兰江等重点流域山水风险图编制工作	2018—2020

续表

分类	市	县（市、区）	牵头单位	项目名称	项目内容	完成年限
（十九）水土流失治理	杭州市	淳安县	淳安县水利局	浪川乡芳梧片、大墅镇寺林片低丘红壤治理	低丘红壤治理面积700亩	2018
	绍兴市	诸暨市	诸暨市水利局	水土流失综合治理工程	综合治理水土流失面积5.5km²	
	衢州市	龙游县	龙游县水利局	水土流失治理	治理水土流失面积3km²	
		衢江区	衢江区水利局	水土流失治理	治理水土流失面积4.34km²	
		淳安县	淳安县水利局	农村河道综合整治工程	85km农村灌排河道清淤、护岸等综合整治，提升行洪排涝能力，提供高灌溉供水保障	
五、水生态修复 （二十）河湖库塘清淤	杭州市	江干区	江干区城市管理局	河湖库塘清污（淤）工程	农村河湖库塘清淤整治22万m³	
				横四港（和睦港—八堡港）	横四港长2350m，宽10m，平均积厚度0.45m，清淤0.55km³	
				九堡五号河（横四港—九堡六号河）	九堡五号河669m，宽10m，平均淤积厚度0.25m，清淤0.17万m³	
				九堡六号河（横四港—九堡九号河）	九堡六号河长965m，宽10m，平均淤积厚度0.15m，清淤0.14万m³	
		西湖区	西湖区城市管理局	新塘河（清江路—排涝东闸）	新塘河长3278m，宽12～16m，平均淤积厚度0.4m，清淤1.8万m³	
				清淤项目	对吴家浦、板桥横浦、七号浦、八号浦、青号浦、象山沿山渠、象山沿山北渠进行清淤整治	

续表

分类	市	县（市、区）	牵头单位	项目名称	项目内容	完成年限
五、水生态修复 （二十）河湖库塘清淤	杭州市	滨江区	滨江区城市管理局	清淤流渡项目	对小砾山输水河、刺陵河、街道河、闸站河、永久河、白马湖、汤家河进行清淤	2018
		建德市	建德市水利局	河湖库塘清污	河湖库塘清污（淤）100.9万 m³	2018—2020
		桐庐县	城南街道办事处	龙潭溪清淤	龙潭溪清淤 5km	2018
				包家溪清淤	包家溪清淤 1km	
				富春江清淤	清淤 10km	2020
	绍兴市	诸暨市	诸暨市水利局	2018 年诸暨市清淤工程	清淤 45 万 m³	
	金华市	金东区	金东区水务局	金东区清淤工程	清淤 26 万 m³	
		永康市	永康市水务局	河湖库塘清污（淤）工程	清淤 38 万 m³	
		浦江县	浦江县水利局	河湖库塘清淤	河道、水库、山塘、池塘等水域清淤	
	衢州市	龙游县	龙游县水务局	河道综合整治工程	清淤 31 万 m³	
		衢江区	衢江区水利局	河道综合整治工程	清淤 40 万 m³	
六、执法监管 （二十一）监管能力建设	杭州市	淳安县	淳安县环境保护局	环保设备智慧运维项目	鸠坑口、自来水厂、小金山、老街口、威坪林场和三潭岛等气站及 6 处水站、老旧环保楼顶 2 处及气站 4 处噪声自动监测系统等运维；企业、污水处理厂和宾馆饭店等在线监测监控系统运维；企业污治设施和农村环境质量观测点监控运维租赁；农村治污监测点位、饮用水水质在线监测租赁；"河长制"提醒业务；委托第三方水质监测费；乡镇委托农村污水第三方监测补助；乡镇空气自动监测站采购数据服务项目等	2018

续表

分类	市	县（市、区）	牵头单位	项目名称	项目内容	完成年限
六、执法监管 （二十一）监管能力建设	杭州市	江干区	江干区城市管理局	成立城市管理监管站	加强河道长效管养能力、招聘人员组建成立四季青、彭埠、九堡城市管理监管站	2018
		萧山区	堤防管理单位	监管建设	日常巡查、打击违法行为	2020
		建德市	建德市环境保护局	智慧化信息平台建设	新建标准化监测、监察平台，实现重点工业企业污染源智能化监管、环境质量状况监测、环境状况实现视频展示等功能	2018—2020
	绍兴市	诸暨市	诸暨市环境保护局	排污企业在线监测系统安装	对13家企业安装在线监测系统	2018
	金华市	永康市	永康市环境保护局	新建章店自动监测站	永康江章店断面水质环境自动监测站占地面积约50m²，建筑面积约30m²	2018—2019
		磐安县	磐安县环境保护局	花溪水库饮用水自动监测站建设	花溪水库饮用水自动监测站建设	2018
	衢州市	龙游县	龙游县水利局	无违建河道创建	创建无违法构筑物河道57km	2018
		衢江区	衢江区水利局	无违建河道创建	创建无违法构筑物河道168km	2018

表4-5 千岛湖"一河（湖）一策"实施方案重点项目推进工作表

分类	市	县（市、区）	牵头单位	项目名称	项目内容	完成年限
一、水资源保护 （一）落实最严格水资源管理制度	杭州市	淳安县	淳安县水利局	水利工程标准化管理创建及管护	154项水利工程标准化管理创建及管护	2018—2020
（二）节水型社会创建			淳安县农业农村局	市级农田提升工程	共提升农田面积2985.92亩。主要是排水渠、灌溉渠、机耕路建设	2018

续表

分　类	市	县（市、区）	牵头单位	项目名称	项目内容	完成年限
一、水资源保护 （二）节水型社会创建	杭州市	淳安县	淳安县水利局	节水型社会建设	管理和制度建设、农业节水、工业节水、生活和城镇公共节水、节水型载体创建、非常规水资源利用、水资源管理信息化建设	2017—2019
			淳安县千岛湖建设集团有限公司	高效节水喷微灌工程更新项目	新建、改造固定式喷微灌工程3500亩	2018
			姜家镇	水厂及泵站设备更新项目	里杉柏污水处理有限公司增加潜污泵、坪山水厂部分设备更新	
				姜家九门桥自来水厂改造工程	取水泵房、送水泵房设备改造、消毒设施改造等	
（三）饮用水源地保护			淳安县千岛湖建设集团有限公司	世行项目淳安农村饮水安全提升工程（集中式供水）	提升改造王阜、枫树岭、叶家、浪川等4个水厂供水能力10969m³/d	2018—2019
			淳安县水利局	农村饮水安全提升（分散式供水）	巩固提升60余个村约4.35万人口的村级饮水安全工程，实施供水工程标准化改造，主要建设内容包括管网改造、新增水源、蓄水池、净化消毒设施设备、水表安装等	2018
				农村饮水长效管理	完成全县60%农村饮水长效管理机制建设，进行调查摸底、方案编制及水表等计量管理配套设施安装完善	
二、河湖水域岸线管理保护 （四）河湖管理范围划界			淳安县水利局	县级河道管理范围划界	武强溪、枫林港、东源港、云源港等4条县级河道岸线管理范围方案编制及河道管理范围划界	2018—2019
（五）水域岸线保护				生态水电示范区建设项目	建设23座生态低堰、河道清淤3000m、生态护岸700m、便桥1座等	2018

续表

分类		市	县（市、区）	牵头单位	项目名称	项目内容	完成年限
二、河湖水域岸线管理保护	（五）水域岸线保护				霞源中型水库山塘维修养护工程	霞源水库维修养护配套工程	2018
	（六）防洪排涝工程建设	杭州市	淳安县	淳安县水利局	郁川溪中小流域综合治理工程	郁川溪堤防（护岸）长度29.96km，其中干流13.75km，支流16.21km。玩川源1.51km，包括潘家源0.96km，横源3.81km，庄源1.14km，姜家坞0.94km，富源2.24km，借坑源2.18km，山源0.44km，康塘源1.02km，唐家源5座、修复堰坝19座，新建堰坝1.98km。新建堰坝5座、修复堰坝19座	2018—2020
					六都源中小流域方宅至杨家畈段综合治理工程	六都源干流堤脚加固2.90km，新建护坎9.11km，新建生态堰坝2座、修复堰坝7座，支流新建护岸4.08km，生态堰坝5座、修复堰坝3座；滩地生态治理1处	2018—2019
				淳安县国土资源局	中小河流分段治理重要堤防建设项目	新建重要堤防10km	2018
					梓桐源水土流失综合治理项目	封育治理、坡面水系治理，建设生态护岸。治理水土流失面积10.5km²	2018—2019
					中型水库防洪预报调度系统建设	建设枫树岭、铜山、严家等三座中型水库防洪预报调度系统	2018—2019
	（七）标准化管理				防汛应急抢险补助	防汛抢险资金	
三、水污染防治	（八）工业污染治理				矿山污染整治	开展17处废弃矿山治理；关停补偿5家矿山；矿山储量动态监测、核实等矿山管理费用	2018
	（九）城镇生活污染治理			淳安县千岛湖建设集团有限公司	界首污水处理厂	远期处理规模1万t/d。一期为0.5万t/d土建，0.25万t/d设备	2017—2019

续表

分类		市	县（市、区）	牵头单位	项目名称	项目内容	完成年限
三、水污染防治	（九）城镇生活污染治理	杭州市	淳安县	淳安县住房和城乡建设局	千岛湖镇生活垃圾转运中心建设	城区生活垃圾中转站（200t/d）项目建设	2017—2018
				淳安县住房和城乡建设局	垃圾分类经费	社区垃圾分类专项工作经费，有奖积分保障经费、分类垃圾桶、垃圾收集点经费、宣传牌等配套设施经费，日常运行费及青溪新城垃圾分类费用等	
				淳安县建设集团有限公司	污水管网疏通及修复工程	对城区管网疏通、检测，对排查出的问题进行整改	
				淳安县环境保护局	农村垃圾分类及收集建设项目	青溪新城5个村垃圾处置和王阜乡垃圾分类处置建设。建设处理房2座、阳光房8座，采购3t设备2台、新建临岐川；每户配备垃圾桶，收集点等；新建临岐镇中转站设备，更新临岐中转站设备	
				淳安县住房和城乡建设局	住建局城市运行维护经费	秀水广场管护、园林养护、鲜花摆放，城市环卫、公厕管理等市政管护，环卫日常维护管理	
				淳安县千岛湖旅游度假区	区内基础设施提升改造项目	区内景观改造、美化、提升、完善服务设施，包括水电、建（构）筑物维修，绿化养护、"五水共治"以及哨兵南侧地块停车场配套建设	2018
	（十）农业农村污染防治			淳安县农业农村局	农业面源污染治理	畜禽排泄物资源化利用工程，全年配送液肥量2万t左右；农业统防统治工程、全年实施农药包装统治面积7万亩、废弃农药包装物回收工程，农药废弃包装物回收处置；有机肥推广工程，推广应用有机肥2万t，新建沼气工程180m³，大出料维护户用沼气池约300只	

续表

分类	市	县（市、区）	牵头单位	项目名称	项 目 内 容	完成年限
三、水污染防治	杭州市	淳安县	淳安县千岛湖建设集团有限公司	界首乡块污水管网铺设工程（一期）	界首乡政府至严家约7km污水管网铺设	2018—2019
（十）农业农村污染防治			淳安县环境保护局	农村治污建设项目	沿湖沿溪104个20t/d以上处理终端动力改造；20个运维精品村示范建设、内容包括精细化农户纳管、洗衣台板更换、管网护管、终端环境提升，消毒设施安装等建设；45个村生活污水接户、管网、终端工程建设	
			威坪镇政府	集镇污水改造四期工程	千黄高速威坪站及朴树坞区域截污纳管工程、新增污水管网，提升污水接入处理厂、泵站、生化池，将污水接入处理厂	
			临岐镇政府	临岐镇工业园区污水处理提升工程	对工业园区内260t处理量的终端处理池进行提升：将污水处理排放要求从一级B标提升为一级A标	2018
			姜家镇政府	银峰小微创业园配套化套工程	银峰小微创业园污水处理设施建设及绿化配套等	
				农村生活污水治理设施运维项目	19个集镇污水处理站和423个行政村、汾口、姜家、威坪、大墅污水处理厂运行管理费用、林深源、梓桐慈溪、许源、霞五、临岐园区等6处污水处理站运维费用	
			淳安县环境保护局	农村垃圾处置运行经费	423个行政村垃圾处置设备运维、运输费用、垃圾处理费用及保险费等	
				环保小型打捆项目	采购垃圾桶、新建空气监测站、农村建筑垃圾填埋场、实验室小型设备采购、乡镇源头保护小型工程和污染源调查、土壤防治等小型项目	

续表

分类	市	县（市、区）	牵头单位	项目名称	项目内容	完成年限
三、水污染防治 （十）农业农村污染防治	杭州市	淳安县	石林镇政府	石林镇乡情山泉污水工程	污水管网及配套设施建设	2018
			汾口镇政府	汾口集镇环境整治提升工程	湖德塘公园：湖德塘总面积约13hm²，对周边环境进行整治、建设环塘游步道及水体治理、土地征用等	2018—2019
			姜家镇政府	浙江省旅游特色小镇创建工程（集镇提升改造）	郁川街滨水广场：对姜家码头片区块景观提升改造、将原污水提升泵站改为地下式	2018
			淳安县县委农村工作领导小组办公室	农村基础设施工程	农村"公厕革命"：提升或改建50座公厕	2018
			姜家镇政府	石额产业园区基础设施改造工程	标准厂房变配电工程、部分道路改造、自来水加压泵站、供水管网、污水网改建等	2018—2019
（十一）流域水环境综合治理			千岛湖高铁新区管理委员会	高铁生态产业园基础设施配套项目	园区段1.8km供电管网、产业项目配套3km供电、供水、排污管网	2018—2019
			淳安县渔政局	千岛湖保水渔业工程	积极开展千岛湖鱼类资源增殖放流活动；积极开展国家级水产种质资源保护区保护工作；建造复合型人工鱼集，提高千岛湖土著鱼类繁殖率	
四、水环境治理 （十二）"美丽河湖"建设			淳安县环境保护局	小微水体综合整治项目	剿灭III类以下小微水体975个，重点整治72个	2018
				千岛湖湖面垃圾处置及污水上岸项目	湖面垃圾打捞包括市场化运作，环保队伍机械化打捞（含保险费），沿湖乡镇保洁和管理、开发公司等环卫湾垃圾源头打捞，环卫所属千岛湖镇治线打捞和污水上岸等费用	2018

续表

分类	市	县（市、区）	牵头单位	项目名称	项目内容	完成年限
	杭州市	淳安县	淳安县水利局	小型农田水利排灌渠系工程	完成新建、改造田间引水利灌排渠道40km	2018
				2018年度中央财政小型农田水利重点县项目	中洲、汾口片部分灌区改造，新建4500亩低压管道灌溉	
五、水生态修复 （十三）防洪和排涝工程建设				武强溪流域夏山村—余家村段综合治理工程	综合治理河道7.92km，新建堤防5.36km，护岸2.56km，新建加固堰坝6座、滩地滩林修复14.6万m²，保护人口1万人，耕地0.4万亩	2017—2019
				武强溪流域余家村—徐家村段综合治理工程	综合治理河道9.6km，新建堤防3.4km，护岸6.2km，新建加固堰坝4座、滩地滩林修复4.7万m²，保护镇区1个，人口1.9万人，耕地0.85万亩	
				武强溪流域仙居村—汾口村段综合治理工程	综合治理河道9.29km，加固堤防1.63km，新建护岸6.98km，新建加固堰坝5座、滩地滩林修复6667m²，保护镇区1个，人口1.1万人，耕地0.75万亩	
				水库除险加固工程	林家坞、连天岭、霞源、下横宅、大同坑水库除险加固工程	2018
				山塘除险加固工程	1万m³以上山塘道路硬化、灌浆、坝坡修建等；1万m³以下山塘重要整治工程。12座山塘清淤、坝体防渗处理、放水设施建设、坝坡培坡护坡、放水设施建设等。8座	

续表

分类		市	县（市、区）	牵头单位	项目名称	项目内容	完成年限
五、水生态修复	（十四）水土流失治理	杭州市	淳安县	淳安县水利局	浪川乡芳梧片、大墅镇寺林片低丘红壤治理	低丘红壤治理面积700亩	2018
	（十五）河湖库塘清淤				农村河道综合整治工程	85km农村灌排河道清淤、护岸等综合整治，提升行洪排涝能力，提高灌溉供水保障	
					河湖库塘清污（淤）工程	农村河湖塘清淤整治22万m³	
六、执法监管	（十六）监管能力建设			淳安县环境保护局	环保设备智慧运维项目	鸠坑口、自来水厂、小金山、老街口、威坪环保楼顶和三潭岛等6处水站及4处噪声自动监测系统等气站和水电通讯等在线监测费；污水处理厂和宾馆饭店等企业、污水治污企业治污监控系统运维设施和环境质量观测点监控费；农村、企业治污运维租赁费；农村在线监测点租赁费，10个污水水质在线监管费；饮用水短信提醒业务；"河长制"委托监测费；农村第三方水质监测费；乡镇委托农村污水水质监测助补费；乡镇空气自动监测站采购数据服务项目等	

表4-6　仙霞湖"一河（湖）一策"实施方案重点项目推进工作表

分类	市	县（市、区）	牵头单位	项目名称	项目内容	完成年限
一、水资源保护 (一) 节水型社会创建	衢州市	衢江区	衢州市水利局	节水型社会建设	县域节水型社会达标建设1个	2018
				高效节水工程	新增高效节水灌溉面积0.90万亩	
				衢州市湖山湖生态安全综合调查项目	对乌溪江衢州与遂昌交界面下湖至黄坛口水库范围之间的库区及沿岸重要支流（洋溪源、举埠溪、坑口溪等）河段和河岸附近一定范围的陆域开展流域自然状况调查；流域社会经济调查；生态健康状况调查；生态服务功能调查；人类调控管理措施调查。根据调查结果，进行综合分析评价	2017—2020
(二) 饮用水水源地保护	衢州市	衢江区	衢州市乌溪江水源保护管理局	湖南镇污水处理厂及配套管网改扩建项目	改造集镇污水主管道2.5km，更新集镇污水处理站鼓风机、水泵等设备、修建集镇污水站附属设施	
				市区集中式饮用水水源地保护项目	清理黄坛口库区一级、二级保护区范围内违法项目、开展环境整治、清理保护区范围内农家乐等污口，建立水体保洁长效管理机制	
				饮用水水源地达标	重要饮用水水源地安全保障达标建设1个	2018
				农村饮水安全提升	农村饮水安全提升人口1.81万人	
二、水域岸线保护 (三) 河湖管理范围划界	衢州市		衢州市水利局	河道管保范围划界	2018年累计完成河道管理范围划界112km	
(四) 标准化管理				水利工程标准化创建	2018年累计完成水利工程标准化创建验收工程13个	
三、水污染防治 (五) 工业污染治理	丽水市	遂昌县	遂昌县环境保护局	凯圣矿业提升改造项目	主要进行场地硬化、清污分流系统、应急设施建设等一系列改造	
	衢州市	衢江区	衢江区环境保护局	涉水特色行业整治	完成2家涉水特色行业整治	

续表

分类		市	县（市、区）	牵头单位	项目名称	项目内容	完成年限
三、水污染防治	（六）城镇生活污染治理	丽水市	遂昌县	遂昌县湖山乡政府	山湖污水处理提升整治工程	新建湖山乡污水处理终端，本工程设计废水量确定为1000m³/d；市政排水管网8km及配套设施；一体式提升泵站一座含成套设备3套	2018—2019
	（七）农业农村污染防治	衢州市	衢江区	衢江区农业农村局	全国新增千亿斤粮食生产能力规划2017年田间工程	田间道路硬化工程	2017—2020
					衢江区农业投入品废弃包装物回收处置项目	农业投入品废弃包装物回收处置	2018
				衢州市乌溪江水源保护管理局	湖山湖库区农村生活污水处理设施建设项目	湖山湖库区农村生活污水处理设施建设项目	2017—2020
					农村生活污水截污纳管	对乌引黄坛口村、下石坪村及龙坛村的生活污水截污纳管	
					湖山湖库区农村生活垃圾无害化处理项目	建设太阳能垃圾发酵房34个、垃圾分类车、垃圾箱、农户分类桶等，覆盖34个村，收益农户11150户。建立农村生活垃圾收运转运系统、统一运送到库区外进行无害化处理	
四、水环境治理	（八）"美丽河湖"建设			衢州市水利局、治水办	"美丽河湖"建设	完成芝溪干金堰至古楼底村、江山港后溪滩江村至甘里里上宇村"美丽河湖"建设	2018
五、水生态修复	（九）水土流失治理			衢州市水利局	水土流失治理	水土流失治理4.34km²	
	（十）河湖库塘清淤				河道综合整治工程	已完成湖库塘清淤40万m³	
六、执法监管	（十一）监管能力建设				无违建河道创建	已创建河道无违法构筑物河道168km	

4.2 市级方案编制案例分析

以《浙江省丽水市瓯江大溪段"一河（湖）一策"实施方案（2017—2020年)》为例进行分析研究。

4.2.1 基本情况

4.2.1.1 河道现状调查

瓯江干流发源于龙泉与庆元交界的百山祖西北麓锅冒尖，自西南向东北流，至丽水折向东南流，贯穿整个浙南山区，经温州注入东海。瓯江大溪大港头上码头至温州交界处全长 113.9km，河道宽度 150～450m，水域面积 47.7km²，沿途流经莲都区、丽水经济开发区、青田县二区一县 17 个乡镇街道，190 个行政村，沿岸常住人口为 82.43 万人，国内生产总值 573.76 亿元。

瓯江大溪段主要支流有松荫溪、宣平溪、小安溪、好溪、小溪等。目前该段河道上建有开潭、五里亭、外雄、三溪口（在建）、青田水利枢纽（在建）5 座梯级水电站。沿江的古堰画乡、九龙湿地、南明湖、石门洞等景区风光秀丽，景色迷人。青田高市乡石门洞至船寮镇下沙降河道为鼋保护区。

4.2.1.2 污染源调查

（1）涉河工矿企业概况。周边与河道相关的企业共有 429 家，其中莲都区 30 家、开发区 183 家、青田县 216 家。主要有轻工、有色金属、金属制品、化工、印染、机械、电力、纺织、化纤等行业。

（2）农林牧渔业概况。河道两岸周边共有耕地 22878.1 亩，主要种植水果、蔬菜、水稻；林地 58669.5 亩；养殖业 44 家，主要养殖畜禽、生猪等。

（3）涉水第三产业概况。区域内共有餐饮业 2264 家，洗车店 44 家，所有污水均排入污水管网；其他涉水产业主要有宾馆住宿、洗浴、足浴等服务业。

（4）农业用水概况。区域内有灌区 5 处，均为规模小型灌区，灌溉面积 0.128 万亩，农田灌溉水利用系数 0.567。

4.2.1.3 涉河（沿河）构筑物调查

涉河（沿河）构筑物调查主要包括水库、水闸、船闸、堤防、水电站、水文监测站、管理站房、取排水口及设施、道桥、码头等，其中：水库 5 座，水电站 5 座，水闸 3 座，船闸 5 座，水文监测站 8 座，堤防 71.12km。

4.2.1.4　饮用水水源及供水概况

区域内有集中式饮用水水源地 7 处，分别位于碧湖、天宁、水阁、腊口、船寮、鹤城和温溪，供水规模共 40 万 t/d。农村饮用水源地 41 处，供水人口 34423 人；自来水厂（供水站）39 处，企业自备水源 2 处。

4.2.1.5　水环境质量调查

瓯江大溪段共有 13 个水质监测断面。其中：国控断面 4 个；省控断面 4 个；市控断面 5 个。除环城河口外所有监测断面的水质均达到 II 类及以上水质要求。区域内共有污水处理厂 7 家（包括在建），日处理规模 27 万 t。农村污水处理涉及 117 个村，基本实现应纳尽纳，村域农村生活污水治理农户受益率均达到 80％以上。

4.2.2　问题分析

4.2.2.1　水环境污染仍然存在

瓯江大溪总体水质情况良好，但沿岸为丽水市人口最为密集的地区，有数量较多的城镇村庄，村民保护水源的意识相对比较薄弱，在溪道边堆放垃圾、河道内乱倒垃圾等行为屡见不鲜，使得瓯江大溪的周边环境异常复杂，水质存在较大的超标风险。加上河道流经的莲都、开发区、青田三县（区）工业企业较为集中，工业污染治理任务较为艰巨。

4.2.2.2　岸线管理与保护仍需加强

瓯江大溪段河道管理范围为两岸堤防之间的水域、沙洲、滩地（包括可耕地）、行洪区，两岸堤防及堤防背水坡脚起 10m 的护堤地及护堤地以外 10m 的地带。目前大溪莲都段已划定管理范围河道 43.56km，划定管理范围和保护范围的水利工程 13 处。青田下游温溪段仍存在不少非法占用岸线的砂石装卸作业点，岸线保护与管理仍需加强。

4.2.2.3　水资源保护工作需进一步深入

大溪水功能区主要集中在大港头玉溪、青田温溪等处，基本情况较好，各项指标均达到Ⅱ类水质要求。但是部分饮用水源地仍存在着农业面源污染，需要进一步加强监管。

4.2.2.4　水生态修复工作需要重视

大溪流域部分区域仍存在水土流失问题，通过开展大溪治理工程，大溪流域的水土流失得到了一定的解决，但是由于大溪流域面积大，部分河段的防洪能力还需进一步提升。

4.2.2.5　执法监管能力有待提升

近年来各地逐渐加大对大溪的河道巡查力度，河道管理范围内基本消除违法违章搭建，但由于河道流域面积大，流经村庄多，非法捕捞、非法采砂等现象在一定程度上存在。同时，巡查人员执法装备落后，执法力量不足，执法能力还有待进一步增强，信息化建设水平有待提高。

4.2.3　总体目标

截至 2017 年，已全面消除水面、河岸脏乱差现象，清除河道违建、违占，保持水体清洁，无河岸垃圾，无水中漂浮物，全面消除劣Ⅴ类水。预计到 2020 年，地表水省控断面达到或优于Ⅲ类水质比例达到 100%，全流域水质达到Ⅱ类水标准，用水总量控制在 1.39 亿 m^3 以内，重要江河湖泊水功能区水质达标率 100%；全面完成县级及以上河道管理范围划界，推进重要水域岸线保护利用管理规划编制，全面完成各类水利工程标准化管理创建工作，新增水域面积 2.28km²；全面清除河湖库塘污泥，有效清除存量淤泥，新增河湖岸边绿化 9.97km，新增水土流失治理面积 64km²；县级及以上河道基本实现无违法构筑物。基本建成河湖健康保障体系，实现河湖水域不萎缩、功能不衰减、生态不退化。

4.2.4　主要任务

4.2.4.1　水污染防治

1. 工业污染治理

（1）对大溪沿线的砂场、石料厂、污水处理厂、砖瓦厂、化工企业等重污染企业进行重新排查，做好日常抽查，制订防止水污染的具体治理措施，建立长效监管机制。

（2）全面排查装备水平低、环保设施差的小型工业企业，标注污染隐患等级，引导转型升级，实施重点监控。

（3）开展对水环境影响较大的低、小、散落后企业、加工点、作坊的专项整治。

（4）切实做好危险废物和污泥处置监管，建立危险废物和污泥产生、运输、储存、处置全过程监管体系。

集中治理工业区水污染。开发区要加大高能耗、高污染和低产值、低税收企业整治力度。在重点针对合成革行业环境整治工作基础上，做好查漏补缺，全面排查厂区"跑、冒、滴、漏"，封堵所有地下雨水管、污水管，所有集水区域、池子做好防渗漏措施。进一步将"污水明管、雨水明沟"实施范围扩大至用水大户企业，规范企业雨污分流，杜绝企业偷漏排行为。重点企业实施雨水口依申请排放，建设污水口自动采样系统。

实施重点水污染行业废水深度处理。对沿岸的重点水污染行业制订废水处理及排放规定，各厂制订"一厂一策"，行业主管部门在深度排查的基础上建立管理台账，实施高密度检查，明确各项治理和防控措施落实到位，严管重罚，杜绝重污染行业废水未经处理或未达标排放河道。

2. 城镇生活污染治理

（1）制订实施沿岸城镇污水处理厂新改建、配套管网建设、污水泵站建设、污水处理厂提标改造、污水处理厂中水回用等设施建设和改造计划。积极推进雨污分流、全面封堵沿河违法排污口。积极创造条件，排污企业尽可能实现纳管。对未纳管直接排河的企业、个体工商户，提出纳管或达标的整改计划。

推进城镇污水处理厂新改建工作如下：

1）实施城镇污水处理设施建设与提标改造，以城镇一级 A 标准排放要求做好新建污水处理厂建设和老厂技术改造提升。

2）做好进出水监管，有效提高城镇污水处理厂出厂水达标率。做好城镇排水与污水收集管网的日常养护工作，提高养护技术装备水平。

3）全面实施城镇污水排入排水管网许可制度，依法核发排水许可证，切实做好对排水户污水排放的监管。

4）工业企业等排水户应当按照国家和地方有关规定向城镇污水管网排放污

水，并符合排水许可证要求，否则不得将污水排入城镇污水管网。

青田县 2017 年完成江北污水处理厂提标改造工程，2018 年年底前完成金三角污水处理厂工程。开发区 2017 年完成城市污水提升改造工程投资 1030 万元。

（2）做好配套管网建设，具体如下：

1）开展污水收集管网特别是支线管网建设。

2）强化城中村、老旧城区和城乡结合部污水截流、纳管。

3）提高管网建设效率，推进现有雨污合流管网的分流改造；对在建或拟建城镇污水处理设施，要同步规划建设配套管网，严格做到配套管网长度与处理能力要求相适应。

2017 年，莲都区完成大港头镇新增城镇污水管网 7.4km，完成大港头村与河边村雨污分流；碧湖镇新增城镇污水管网 21.7km，完成碧湖镇望江路、大众街和环北路合围区块内村庄截污纳管，人民街、环西路雨污水管网改造，通济街、开源路污水管网改造等。

2018 年，青田县完成船寮镇、腊口镇给排水工程，温溪镇、海口镇污水管网建设工程。

2020 年，完成金三角污水处理厂配套管网 30km。

（3）加大河道两岸污染物入河管控措施。重点做好河道两岸地表 100m 范围内的保洁工作：

1）加强范围内生活垃圾、建筑垃圾、堆积物等的清运和清理。

2）对该范围内的无证堆场、废旧回收点进行清理整顿。

3）定期清理河道、水域水面垃圾、河道采砂尾堆、水体障碍物及沉淀垃圾。

4）加强船舶垃圾和废弃物的收集处理。

5）在发生突发性污染物如病死动物入河或发生病疫、重大水污染事件等，及时上报农业畜牧水产、卫生防疫和环保等主管部门。

6）受山洪、暴雨影响的地区，要在规定时间内及时组织专门力量清理河道中的垃圾、杂草、枯枝败叶、障碍物等，确保河道整洁。沿线各乡镇街道需于 2017 年 8 月 1 日前制订保洁工作方案。

3. 农业农村污染防治

（1）防治畜禽养殖污染，具体如下：

1）根据畜禽养殖区域和污染物排放总量"双控制"制度以及禁养区、限养区制度划定两岸周边区域畜禽养殖规模。

2）有计划、有步骤发展农牧紧密结合的生态养殖业，减少养殖业单位排放量。

3）切实做好畜禽养殖场废弃物综合利用、生态消纳，做好处理设施的运行监管。

4）加强对大溪流域畜禽养殖场污染整治，采取"一户一告知、一乡一动员、一户一承诺、一户一治理"的方式全面推进，积极实施"畜牧进山"战略，严格执行禁养区、限养区划分，确保畜禽养殖污染减排执行到位。

（2）控制农业面源污染，具体如下：

1）以发展现代生态循环农业和开展农业废弃物资源化利用为目标，切实提高农田的相关环保要求，减少农业种植面源污染。

2）加快测土配方施肥技术的推广应用，引导农民科学施肥，在政策上鼓励施用有机肥，减少农田化肥氮磷流失。

3）推广商品有机肥，逐年降低化肥使用量。

4）开展农作物病虫害绿色防控和统防统治，引导农民使用生物农药或高效、低毒、低残留农药，切实降低农药对土壤和水环境的影响。实现化学农药使用量零增长。

5）健全化肥、农药销售登记备案制度，建立农药废弃包装物和废弃农膜回收处理体系。

（3）开展农村环境综合整治，具体如下：

1）以治理农村生活污水、垃圾为重点，制订建制村环境整治计划，明确河岸周边环境整治阶段目标。2017 年已完成开发区 16 个村的农村生活污水已建工程提升改造及农村小微水体改造。2018 年青田县完成农村生活污水治理，新增受益农户 71565 户。

2）因地制宜选择经济实用、维护简便、循环利用的生活污水治理工艺，开展农村生活污水治理。实现农村生活污水治理应纳尽纳，村域农村生活污水治理农户受益率均达到 80％以上。

3）以"控制增量、促进减量、提升质量"为目标，推广"分类投放要定点、分类收集要定时、分类运输要定车、分类处理要定位"的"四分四定"分类模式，进一步提升农村生活垃圾分类处理的能力与质量，开展农村生活垃圾分类处理并基本实现建制村全覆盖。

4. 船舶港口污染控制

（1）所有机动船舶要按有关标准配备防污染设备。

（2）港口和码头等船舶集中停泊区域，要按有关规范配置船舶含油污水、垃圾的接收存储设施，建立健全含油污水、垃圾接收、转运和处理机制，做到含油污水、垃圾上岸处理。

4.2.4.2 水环境治理

1. 入河排污（水）口监管

开展河道沿岸入河排污（水）口规范整治，2017年全面完成统一标识，实行"身份证"管理，公开排放口名称、编号、汇入主要污染源、整治措施和时限、监督电话等，并将入河排污（水）口日常监管列入基层河长履职巡查的重点内容。依法开展新建、改建或扩建入河排污（水）口设置审核，对依法依规设置的入河排污（水）口进行登记，并公布名单信息。

2. "清三河"巩固措施

巩固"清三河"成效，大溪沿线乡镇街道需加强对已整治好河道的监管，推进大溪流域"清三河"工作向小沟、小渠、小溪、小池塘等小微水体延伸，参照"清三河"标准开展全面整治，按月制订工作计划，以乡镇（社区）为主体，做到无盲区、全覆盖。

4.2.4.3 水资源保护

1. 水功能区监督管理

加强水功能区水质检测，加大对水质达标考核，环保监测部门应定期向政府和相关单位通报水功能区水质状况，发现重点污染物排放总量超过控制指标的，或者水功能区的水质未达标的，应及时向政府汇报并提出治理措施方案。

2. 饮用水水源保护

健全监测监控体系，建立安全保障机制，完善风险应对预案，同时采取水资源调度环境治理、生态修复等综合措施，做好玉溪水库水源地的保护，确保其达到饮用水水源地水量和水质要求。对沿线32个村的农村饮用水实施安全巩固提升工作，加强农村饮用水水源保护和水质检测能力建设。

3. 河湖生态流量保障

完善水量调度方案，合理安排闸坝下泄水量和泄流时段，沿线水电站应加强监管，确保按标准泄放生态流量，维持河道基本生态用水需求，重点保障枯水期河道生态基流。

4.2.4.4　水域岸线管理保护

1. 河湖管理范围划界工作

加强水域面积控制，大力推进管理范围划界工作，明确管理界线，严格涉河活动的社会管理。

2020 年，将全面完成县级以上河道管理范围划界及涉河水利工程管理与保护范围划定工作。

2. 水域岸线保护工作

制定水域岸线保护利用管理规划，科学划分岸线功能区，强化规划约束作用，严格河湖生态空间管控。

2020 年，将逐步推进重要江河水域岸线保护利用管理规划编制；严格控制水面率，实行水域占补平衡；新增水域面积 2.28km²。

3. 标准化创建

推进堤防、山塘、水库、水电站、水文站、农村饮用水工程、堰坝标准化管理。预计 2020 年，完成 166 个水利工程标准化管理创建和验收工作。

4.2.4.5　水生态修复

1. 生态河道建设

大力推进河湖岸边绿化工程，预计 2020 年，新增河湖岸边绿化带 9.97km。

2. 水土流失治理

推进河湖水系连通，积极实施平原河网引配水工程，科学调度生态流量，维持河湖库塘一定的水面率和河流合理流量及湖泊、水库、地下水的合理水位。加强水土流失预防监督和综合治理，预计 2020 年，新增水土流失治理面积 64km²。

3. 河湖库塘清淤

加大河湖库塘清淤力度，探索建立清淤轮疏长效机制，预计 2020 年完成河湖库塘清淤 80 万 m³。

4. 防洪排涝建设

加快推进"百项千亿"防洪和排涝工程建设，实施青田水利枢纽工程、瓯江治理二期工程。积极实施丽水市大溪治理工程，完成 22.37km 堤坊建设。

4.2.4.6　执法监督

充分发挥河长制在水域管理中的作用，不断完善管理网络，全力构建水利执法管理社会化防控体系；进一步整合水利、环保、公安、检察等部门力量，严厉打击涉河湖违法行为，清理整治非法设置排污口、设障、捕捞、围垦、侵占水域岸线等活动；建立河道日常监管巡查制度，利用人工巡查、建立监督平台等方式，实行河道动态监管。预计到2020年，县级及以上河道基本实现无违法构筑物。

4.2.5　保障措施

4.2.5.1　强化组织领导

瓯江大溪设立市级河长，由专职市委副书记担任河长，指定市交通运输局为该河段河长制联系部门，并设立河长制工作办公室。莲都区、丽水市经济技术开发区、青田县要切实加强对瓯江大溪水环境治理工作的领导，进一步落实责任，坚持政府一把手亲自抓、负总责。全面实施河长制，各河段长对总河长负责，在总河长的领导下，分别负责牵头推进所包干河段水环境治理的重点工作，强化督促检查，确保完成各项工作目标任务。

4.2.5.2　强化督查考核

建立健全交接断面水质、水环境治理重点项目、河长制实施情况考核机制，水环境治理的考核情况由上述三方面考核成绩综合决定，考核结果纳入生态建设考核体系，考核结果将进行通报，同时抄送市政府。实施瓯江大溪河长制责任清单制度，每月公布交接断面水质监测结果，重点项目推进情况。每半年组织对各地水环境综合治理工作情况进行专项督查，对河长制落实不到位或重点项目不能按期完成的县将采取约谈、督办等形式督促其推动水环境治理工作。每年组织对各地重点项目完成情况和河长制实施工作进行考核。

4.2.5.3　强化资金保障

各县（区）要把水环境综合治理作为公共财政支出的重点，进一步强化各项涉水资金的统筹与整合，提高资金使用效率。加大向上对接争取力度，依托重大项目，从发改、水利、环保、建设、农业等线上争取资金。同时，多渠道筹措社会资金，引导和鼓励社会资本参与治水。

4.2.5.4　强化技术保障

各县（区）有关部门要抽调业务骨干参与各项工程建设，加强与科研单位合作力度，全面帮助解决在污染治理方面碰到的技术难题，确保水环境治理各项工程质量达到相关技术规范要求。加强水污染防治和水环境保护领域的科研攻关，重点抓好农村污水治理、饮用水安全保障、面源污染控制、湖库富营养化控制、生态修复等方面技术的研究和推广。

4.2.5.5　强化全民参与

充分发挥新闻舆论的引导和监督作用，报刊、广播、电视、网络等新闻媒体要广泛持久地开展生态文明建设宣传教育活动，加强对先进典型的总结和推广。积极培育发展民间环保组织和环保志愿者队伍。进一步增强社会各界和人民群众投身水环境治理的责任意识、参与意识，形成全社会关心、支持、参与和监督水环境治理的良好氛围。

瓯江大溪段"一河（湖）一策"实施方案重点项目汇总表见表 4-7。

表 4-7　　　　瓯江大溪段"一河（湖）一策"实施方案重点项目汇总表

序号	分　类	项　目　数	投资/万元
一	**水资源保护**		
1	节水型社会创建		
2	饮用水水源保护	1	
二	**河湖水域岸线管理保护**		
3	河湖管理范围划界确权		
4	清理整治侵占水域岸线、非法采砂等		
三	**水污染防治**		
5	工业污染治理	6	
6	城镇生活污染治理	12	
7	农业农村污染防治	3	
8	船舶港口污染控制		
四	**水环境治理**		
9	入河排污（水）口监管		
10	水系连通工程		
11	"清三河"巩固措施		
五	**水生态修复**		
12	河湖生态修复		

序号	分 类	项 目 数	投资/万元
13	防洪和排涝工程建设	2	
14	河湖库塘清淤		
六	**执法监管**		
15	监管能力建设		
合 计		24	

瓯江大溪段"一河(湖)一策"实施方案重点项目推进工作表见表4-8。

表4-8　瓯江大溪段"一河(湖)一策"实施方案重点项目推进工作表

分 类		县(市、区)	项目名称	项 目 内 容	完成年限
一、水资源保护	(一)饮用水水源地保护	莲都区	莲都区碧湖第一水厂工程	用地约48.3亩,新建供水规模5万 t/d,新建进厂引水管网2km	2014—2017
二、水污染防治	(二)工业污染治理	经济技术开发区(以下简称"开发区")	人立环保二期扩能工程	新增年处置15000t危险废物技改项目。2016年完成项目能评、环评,完成项目投资3000万元	2015—2017
		开发区	合成革企业升级改造工程	建成20条以上水性或无溶剂等生态合成革生产线	
		开发区	合成革含DMF高浓度废水集中回收处置工程	总用地规模60亩,一期处理规模50t/h	2016—2019
		青田县	青田县祯埠小河坑工业园区	园区规划200亩。数字地形图测量、规划设计、土地测量,土地平整	2016—2018
		青田县	海口镇南岸工业功能区基础设施二期工程	建设道路、给排水、强弱电、照明等设施,道路新建365m,改造115m	2014—2017
		青田县	青田县石溪乡东岙工业园开发工程	拟整理约79亩工业土地用于边坡治理、园区道路、给排水等基础设施工程	2017—2019
	(三)城镇生活污染治理	莲都区	碧湖镇城区给排水管网改造工程(二期)	改造污水主管6000m、雨水主管1300m	2016—2017
		莲都区	大港头镇区给排水管网提升改造工程	镇区(大港头村、河边村、河边金村)的截污纳管	

续表

分　类		县（市、区）	项目名称	项　目　内　容	完成年限
二、水污染防治	（三）城镇生活污染治理	开发区	城市污水提升改造工程	新建 DN200 污水水管 1km；新建 DN1000 污水干管 750m；新建2000t/d 临时污水泵站 1 座；新建 650t/d 微动力一体化处理站 1 座	2017
		青田县	金三角污水处理厂工程	日处理规模 3 万 t，占地面积 5.2hm²	2014—2018
			金三角污水处理厂配套管网	配套污水管网 30km	2017—2020
			青田县高湾至金三角污水处理厂污水主干管工程	城镇污水配套管网建设	2015—2017
			江北污水处理厂提标改造工程	一级 A 提标改造	2017
			船寮镇区给排水工程	城镇污水配套管网建设	2015—2017
			腊口镇区给排水工程	城镇污水配套管网建设	2016—2018
			丽水市污水处理厂一期填方工程	丽水市污水处理厂一期填方工程	
			温溪镇生活污水收集管网延伸工程	温溪镇生活污水收集管网延伸工程	2015—2017
			海口镇污水处理管网建设工程	黄叫村污水干管 1728m，海口村污水干管 5738m	
	（四）农业农村污染防治	开发区	农村生活污水治理	16 个村农村生活污水已建工程提升改造及农村小微水体改造	2014—2017
		青田县	农村生活污水治理	完成 330 个村的生活污水处理治理，新增受益农户 71565 户	2014—2018
			农村化肥农药污染治理	实施"肥药减量增效工程""沃土工程""生态循环农业"，提高土壤有机质含量，提高土壤肥力，提高肥料利用率，到 2017 年化肥使用量减少 7%，土壤肥力提高 3%	2014—2017

分　类		县（市、区）	项目名称	项　目　内　容	完成年限
三、水生态修复	（五）防洪和排涝工程建设	青田县	青田水利枢纽工程	正常蓄水位 7.00m，库面积 5.02km²，相应水位以下河道容积 3396 万 m³；枢纽工程由 25 孔泄洪闸、1 孔船闸、装机容量 3×1.4 万 kW 的水电站、左岸混凝土重力坝等	2014—2019
			瓯江航道整治工程丽水段（船寮镇黄言村—温溪镇驮滩上游）	船闸、航道工程、桥梁工程、锚地、服务区、导航及信息化等工程	2014—2020

4.3　县级方案编制案例分析

以《浙江省武义县宣平溪"一河（湖）一策"实施方案（2017—2020 年）》作为县级山区型河道"一河（湖）一策"方案编制典型案例进行分析。

4.3.1　现状调查

4.3.1.1　河道现状调查

宣平溪是瓯江水系大溪的主要支流，发源于武义县西联乡东坑。曲折向东南流，至柳城镇祝村绿岩潭以上称为西溪，与来自左岸的一大支流东溪汇合后，折向南流，至前弯村普济桥，有杉溪自右岸汇入，曲折东流，至大溪口乡溪口村，有隐浦溪自左岸汇入，弯转南流，至三港乡，合沿途诸小溪，从章湾村以下出武义县。主流总长 63km，总流域面积 835.1km²。

本次调查宣平溪河道流经柳城镇、大溪口乡、三港乡，起止点为祝村到章湾村，河道全长 15.2km，集水面积约 535.5km²。武义县常住人口 34.27 万人，素有"萤石之乡""温泉之城""中国有机茶之乡"之美誉主导产业为五金机械、旅游休闲用品、汽摩配等。

4.3.1.2　污染源调查

（1）涉河工矿企业概况。

（2）农林牧渔业概况。河道两岸共有耕地 2272.4 亩，种植作物主要为粮食作物和经济作物；沿线 500m 内没有养殖场；渔业共计 3 家，规模约 300 亩。

（3）涉水第三产业概况。区域内涉及的第三产业主要为餐饮业、美容美发业、宾馆酒店业、洗衣业，洗浴足浴业、汽车修理业等六小服务行业。

（4）污水处理概况。宣平溪流域内没有污水处理厂，农村污水处理设施共有 194 处，覆盖 21624 户人家，污水处理率达 81.3%，经处理后污水排向宣平溪。

（5）农业用水概况。区域内灌溉农作物种类以粮食作物和经济作为为主，灌溉面积 2272.4 亩，渠系利用系数 0.6。

4.3.1.3　涉河（沿河）构筑物调查

涉河（沿河）构筑物调查主要包括水库、水电站、堤防、水文测站、道桥等，其中水库 2 座、水电站 3 座、堤防 18.1km、水文测站 1 座、道桥 6 座。

4.3.1.4　饮用水水源及供水概况

区域内无集中式饮用水水源地；农村饮用水水源地共有 41 处，供水人口达 19094 人，规模约 3000m³/d；无自来水厂。

4.3.1.5　水环境质量调查

宣平溪水环境功能区为保留区，水质类别为Ⅲ类。2016 年水质监测断面为Ⅱ类水，水功能区达标率为 100%，饮用水水源地水质检测为Ⅱ类水，流域内饮用水水源地的达标率为 100%，满足要求。

4.3.2　问题分析

根据现状调查结果，分析河道（湖泊）在水环境污染、水资源保护、河湖水域岸线管理、水环境行政执法（监管）等方面存在的主要问题。问题的总结与梳理应与目标和任务相结合。

4.3.2.1　水环境污染仍然较为严重

水质总体较好，2016 年水质监测断面为Ⅱ类水，水功能区达标率为 100%；饮用水源地水质检测为Ⅱ类水，流域内饮用水水源地的达标率为 100%，均满足要求。

4.3.2.2　污染源仍需整治

沿线各家企业未纳入城市污水处；农业面源污染面广量大，农药使用等仍

然超标，污水未经处理排放；特别是青岭口水库段饮用水源地存在着农业面源污染，但目前水质没有富营养化趋势。

4.3.2.3　岸线管理与保护仍需加强

宣平溪河道长 15.2km，目前还未对其进行管理范围划界，水利工程标准化建设还需要加强。

4.3.2.4　水资源保护工作需进一步深入

宣平溪水功能区监督管理能力有待加强，保证内庵、蒋城坑水库的生态放流量。

4.3.2.5　水生态修复工作需要重视

目前，江下段、大溪口段、三港段的河段现状防洪能力不达标。

4.3.2.6　执法监管能力有待提升

河道管理范围内仍存在违法违章搭建、非法排污、设障、捕捞、养殖、采砂、围垦、侵占水域岸线等现象。河道巡查力度仍不够，执法能力有待增强，信息化建设水平有待提升。

4.3.3　总体目标

（1）全县目标：到 2020 年，重要江河湖泊水功能区水质达标率提高到 100%，地表水省控断面达到或优于Ⅲ类水质比例达到 100%；县级及以上河道管理范围划界 90km，完成重要水域岸线保护利用规划编制，区域内大中型以及小型水利工程达到 100% 标准化管理率；全面清除河湖库塘污泥，有效清除存量淤泥，建立轮疏工作机制，新增河湖岸边绿化 80.3km，新增水土流失治理面积 498km²；严厉打击侵占水域、非法采砂、乱弃渣土等违法行为，加大涉水违建拆除力度，实现省级、市级河道管理范围内基本无违建，县级河道管理范围内无新增违建，基本建成河湖健康保障体系和管理机制，实现河湖水域不萎缩、功能不衰减、生态不退化。

（2）河道目标：到 2020 年，重要江河湖泊水功能区水质达标率提高到 100%，小型水利工程达到 100% 标准化管理率；全面清除河湖库塘污泥，有效清除存量淤泥，建立轮疏工作机制，重点做好劣Ⅴ类水体所在河段的清淤工作，新增河湖岸边绿化 2km，新增水土流失治理面积 20km²。

4.3.4　主要任务

4.3.4.1　水污染防治

1. 工业污染治理

沿河两岸无与河道相关的企业，不存在工业污染治理问题。

2. 城镇生活污染治理

（1）制订实施沿岸城镇污水处理厂新改建、配套管网建设、污水泵站建设、污水处理厂提标改造、污水处理厂中水回用等设施建设和改造计划。积极推进雨污分流、全面封堵沿河违法排污口。积极创造条件，排污企业尽可能实现纳管。对未纳管直接排河的服务业、个体工商户，提出纳管或达标的整改计划。截至 2020 年，完成流域内 10 个村庄的截污纳管工程。

（2）推进城镇污水处理厂新改建工作。

1）实施城镇污水处理设施建设与提标改造，以城镇一级 A 标准排放要求做好新建污水处理厂建设和老厂技术改造提升。

2）预计到 2020 年，县级以上城市建成区污水基本实现全收集、全处理、全达标。对照目标，按河道范围和年度目标分解任务，制订建成区污水收集、处理及出水水质目标，并建立和完善污水处理设施第三方运营机制。

3）做好进出水监管，有效提高城镇污水处理厂出厂水达标率。做好城镇排水与污水收集管网的日常养护工作，提高养护技术装备水平。

4）全面实施城镇污水排入排水管网许可制度，依法核发排水许可证，切实做好对排水户污水排放的监管。

5）工业企业等排水户应当按照国家和地方有关规定向城镇污水管网排放污水，并符合排水许可证要求，否则不得将污水排入城镇污水管网。

（3）加大河道两岸污染物入河管控措施。重点做好河道两岸地表 100m 范围内的保洁工作：

1）加强范围内生活垃圾、建筑垃圾、堆积物等的清运和清理。

2）对该范围内的无证堆场、废旧回收点进行清理整顿。

3）定期清理河道、水域水面垃圾、河道采砂尾堆、水体障碍物及沉淀垃圾。

4）加强船舶垃圾和废弃物的收集处理。

5）在发生突发性污染物如病死动物入河或发生病疫、重大水污染事件等，及时上报农业畜牧水产、卫生防疫和环保等主管部门。

6）受山洪、暴雨影响的地区，要在规定时间内及时组织专门力量清理河道中的垃圾、杂草、枯枝败叶、障碍物等，确保河道整洁。

3. 农业农村污染防治

（1）防治畜禽养殖污染。

1）根据畜禽养殖区域和污染物排放总量"双控制"制度以及禁养区、限养区制度划定两岸周边区域畜禽养殖规模。

2）有计划、有步骤发展农牧紧密结合的生态养殖业，减少养殖业单位排放量。

3）切实做好畜禽养殖场废弃物综合利用、生态消纳，做好处理设施的运行监管。

4）以规模化养殖场（小区）为重点，对规模化养殖场进行标准化改造，对中等规模养殖场进行设施修复以及资源化利用技术再提升。

（2）控制农业面源污染。

1）以发展现代生态循环农业和开展农业废弃物资源化利用为目标，切实提高农田的相关环保要求，减少农业种植面源污染。

2）加快测土配方施肥技术的推广应用，引导农民科学施肥，在政策上鼓励施用有机肥，减少农田化肥氮磷流失。

3）推广商品有机肥，逐年降低化肥使用量。

4）开展农作物病虫害绿色防控和统防统治，引导农民使用生物农药或高效、低毒、低残留农药，切实降低农药对土壤和水环境的影响。实现化学农药使用量零增长。

5）健全化肥、农药销售登记备案制度，建立农药废弃包装物和废弃农膜回收处理体系。预计到2020年，保证流域内全部农田实行测土配方施肥。

（3）防治水产养殖污染。

1）划定禁养区、限养区，严格控制水库、湖泊、滩涂和近岸小网箱养殖规模。

2）持续开展对甲鱼温室、开放型水域投饲性网箱、高密度牛蛙和黑鱼等养殖的整治。

3）出台政策措施，鼓励各地因地制宜发展池塘循环水、工业化循环水和稻鱼共生轮作等循环养殖模式。

（4）开展农村环境综合整治。

1）以治理农村生活污水、垃圾为重点，制订建制村环境整治计划，明确河岸周边环境整治阶段目标。

2）因地制宜选择经济实用、维护简便、循环利用的生活污水治理工艺，开展农村生活污水治理。按照农村生活污水治理村覆盖率达到 90% 以上，农户受益率达到 70% 以上的要求，提出治理目标。

3）实现农村生活垃圾户集、村收、镇运、区处理体系全覆盖，并建立完善相关制度和保障体系。

4. 船舶港口污染控制

（1）所有机动船舶要按有关标准配备防污染设备。

（2）港口和码头等船舶集中停泊区域，要按有关规范配置船舶含油污水、垃圾的接收存储设施，建立健全含油污水、垃圾接收、转运和处理机制，做到含油污水、垃圾上岸处理。

（3）进一步规范建筑行业泥浆船舶运输工作，禁止运输船舶泥浆非法乱排。

4.3.4.2　水环境治理

1. 入河排污（水）口监管

开展河道沿岸入河排污（水）口规范整治，统一标识，实行"身份证"管理，公开排放口名称、编号、汇入主要污染源、整治措施和时限、监督电话等，并将入河排放口日常监管列入基层河长履职巡查的重点内容。依法开展新建、改建或扩建入河排污（水）口设置审核，对依法依规设置的入河排污（水）口进行登记，并公布名单信息。宣平溪入河排污（水）口排查汇总见表 4-9。

表 4-9　　　　　　　　宣平溪入河排污（水）口排查汇总表

序号	入河排污（水）口名称	所在乡镇（街道）、村名
1	底章村生活污水排放口	大溪口乡底章村
2	溪口村生活污水排放口	大溪口乡溪口村
3	岭脚村生活污水排放口	大溪口乡岭脚村
4	桥头村仁坑自然村生活污水排放口	大溪口乡桥头村
5	桥头村生活污水排放口	大溪口乡桥头村

2. 水系连通工程

按照"引得进、流得动、排得出"的要求，逐步恢复水体自然连通性，通过增加闸泵配套设施，整体推进区域干支流、大小微水体系统治理，增强水体流动性。

3. "清三河"巩固措施

巩固"清三河"成效，加强对已整治好河道的监管，每隔 3 个月开展复查和评估；推进"清三河"工作向小沟、小渠、小溪、小池塘等小微水体延伸，参照"清三河"标准开展全面整治，按月制订工作计划，以乡镇（街道）为主体，做到无盲区、全覆盖。

4.3.4.3 水资源保护

1. 水功能区监督管理

加强水功能区水质监测和水质达标考核，定期向政府和有关部门通报水功能区水质状况，发现重点污染物排放总量超过控制指标的，或者水功能区的水质未达标的，应及时报告政府采取治理措施，并向环保部门通报。

2. 饮用水水源保护

推进区域内水功能区达标建设，健全监测监控体系，建立安全保障机制，完善风险应对预案，同时采取水资源调度环境治理、生态修复等综合措施，达到饮用水水源地水量和水质要求。加强农村饮用水水源保护和水质检测能力建设。

饮用水水源一级保护区内禁止新建、扩建与供水设施和保护水源无关的建设项目，禁止向水域排放污水，已设置的排污口必须拆除；禁止堆置和存放工业废渣、城市垃圾、粪便和其他废弃物；禁止从事放养禽畜、网箱、投料养殖活动；禁止开展旅游业；禁止一切可能污染水源的其他活动。饮用水水源二级保护区不准新建、扩建向水体排放污染物的建设项目；原有排污口必须削减污水排放量，保证保护区内水质满足规定的水质标准；禁止在库内从事放养禽畜，投料养殖活动；禁止新增各类燃油船舶；禁止从事采矿作业和设置卸沙堆栈；禁止其他可能影响水库水质的活动。

3. 河湖生态流量保障

宣平溪控制流域内的生态流量主要由内庵水库、蒋城坑水库来保障；完善水量调度方案，合理安排闸坝下泄水量和泄流时段，研究确定宣平溪控制断面生态流量，维持河湖基本生态用水需求，重点保障枯水期河道生态基流。

4.3.4.4　水域岸线管理保护

1. 河湖管理范围划界工作

2018 年，明确宣平溪 15.2km 河道的管理范围线，严格规范了涉河湖活动的社会管理。

2. 水域岸线保护

2018 年，完成宣平溪 15.2km 的岸线利用规划编制工作，科学划分岸线功能区，严格河湖生态空间管控。

3. 标准化创建

2018 年，完成宣平溪河道三港电站等沿线水利工程的标准化管理工作。

4.3.4.5　水生态修复

1. 生态河道建设

预计到 2020 年，完成河岸绿道建设 2km，堤防景观改造 1 处，完成江下段、大溪口段、三港段的堤防达标建设，有条件的河段积极创建以河湖或水利工程为依托的水利风景区。

2. 水土流失治理

加强水土流失管理，强化工程建设水土保持"三同时"制度。根据项目区水土流失分布特点及自然环境和社会经济等实际条件，优先选择水土流失分布集中、治理难度相对较低、对改善人居环境和提高生产力有利的区域作为重点治理区域，宣平溪水土流失重点预防区域约 55.5km^2。

2020 年的总目标是新增水土流失治理面积 10km^2。

结合项目区水土流失和自然环境特点，兼顾当地社会经济发展的需要，综合配置水土流失治理措施，重点解决流域范围内水土流失问题，降低山洪、泥石流等自然灾害的风险，保证人民生产、生命财产安全。

3. 河湖库塘清淤

制定分年度清淤方案，重点做好劣 V 类水体所在河段的清淤工作。鼓励选用生态环保的清淤方式；妥善处置河道淤泥，加强淤泥清理、排放、运输、处置的全过程管理；探索建立清淤轮疏长效机制，实现河湖库塘淤疏动态平衡。

4.3.4.6　执法监督

加强河湖管理范围内违法建筑查处，打击河湖管理范围内违法行为，坚决清理整治非法排污、设障、捕捞、养殖、采砂、围垦、侵占水域岸线等活动；建立河道日常监管巡查制度，利用无人机、人工巡查、建立监督平台等方式，实行河道动态监管。

4.3.5 保障措施

提出强化组织领导、强化督查考核、强化资金保障、强化技术保障、强化宣传教育等方面的保障措施。

4.3.5.1 组织保障

明确河道的河长和联系部门，河道流经区域范围内有关乡镇、村（社区）要设置河段长并确定联系部门。明确河长、下级河长以及牵头部门的具体职责，其他相关部门做好具体配合工作。

4.3.5.2 督查考核

由河长制办公室考核"一河（湖）一策"的工作实施情况。涉及区、乡镇和村按行政辖区范围建立"部门明确、责任到人"的河长制工作体系，强化层级考核。河长制办公室定期召开协调会议，同时组织成员单位人员定期或不定期开展督查，及时通报工作进展情况。

4.3.5.3 资金保障

进一步强化各项涉水资金的统筹与整合，提高资金使用效率。加大向上对接争取力度，依托重大项目，从发改、水利、环保、建设、农业等线上争取资金。同时，多渠道筹措社会资金，引导和鼓励社会资本参与治水。

4.3.5.4 技术保障

加大对河道清淤、轮疏机制、淤泥资源化利用以及生态修复技术等方面的科学研究，解决"一河（湖）一策"实施过程中的重点和难点问题。同时，加强对水域岸线保护利用、排污口监测审核等方面的培训交流。

4.3.5.5 大众参与

充分发挥广播、电视、网络、报刊等新闻媒体的舆论导向作用，加大对河长制的宣传，让水资源、水环境保护的理念真正内化于心、外化于行。加大对先进典型的宣传与推广，引导广大群众自觉履行社会责任，努力形成全社会爱水、护水的良好氛围。

宣平溪"一河（湖）一策"实施方案重点项目汇总表见表 4-10。

表 4-10　　宣平溪"一河（湖）一策"实施方案重点项目汇总表

序号	分　类	项　目　数	投资/万元
一	**水资源保护**		
1	落实最严格水资源管理制度		
2	水功能区监督管理		
3	节水型社会创建	1	
4	饮用水水源保护		
二	**河湖水域岸线管理保护**		
5	河湖管理范围划界确权	1	
6	水域岸线保护	1	
7	标准化管理	1	
三	**水污染防治**		
8	工业污染治理		
9	城镇生活污染治理	1	
10	农业农村污染防治	1	
11	船舶港口污染控制		
四	**水环境治理**		
12	入河排污（水）口监管		
13	水系连通工程		
14	"清三河"巩固措施		
五	**水生态修复**		
15	河湖生态修复	1	
16	防洪和排涝工程建设		
17	水土流失治理	1	
18	河湖库塘清淤	1	
六	**执法监管**		
19	监管能力建设		
	合　计	9	

宣平溪"一河（湖）一策"实施方案重点项目推进工作表见表 4-11。

表4-11

宣平溪"一河（湖）一策"实施方案重点项目推进工作表

分类		市	县（市、区）	牵头单位	项目名称	项目内容	完成年限
一、水资源保护	（一）落实最严格水资源管理制度	金华	武义县	武义县水务局	年度考核	年度考核内容	2017
	（二）水功能区监督管理						
	（三）节水型社会创建	金华	武义县	武义县水务局	实施方案	实施方案报批，成立领导小组和管理机构	2017
	（四）饮用水水源地保护						
二、河湖水域岸线管理保护	（五）河湖管理范围划界	金华	武义县	武义县水务局	宣平溪河道划界	宣平溪15.2km的河道管理范围划界	2018
	（六）水域岸线保护				宣平溪河道水域岸线保护	宣平溪15.2km的岸线利用规划编制	2017
	（七）标准化管理				水利工程标准化管理创建	1个水电站	
三、水污染防治	（八）工业污染治理						
	（九）城镇生活污染治理	金华	武义县	武义县住房乡城建设局	宣平溪流域村庄截污纳管工程	10个村庄完成截污纳管	2020
	（十）农业农村污染防治			武义县农业农村局	推广测土配方施肥	测土配方施肥	
	（十一）船舶港口污染控制						
四、水环境治理	（十二）入河排污口监管						
	（十三）水系连通工程						
	（十四）"清三河"巩固措施						
五、生态修复	（十五）生态河道建设	金华	武义县	武义县水务局	宣平溪生态河道建设	堤防景观改造1处；新增河湖岸边绿化2km	2020
	（十六）防洪和排涝工程建设						
	（十七）水土流失治理	金华	武义县	武义县水务局	宣平溪水土流失治理工程	新增水土流失治理面积10km²	2020
	（十八）河湖库塘清淤						
六、执法监管	（十九）监管能力建设						

第5章

湖泊"一河（湖）一策"方案编制案例分析

  根据《浙江省湖泊名称代码》（DB 33/T 581—2005），浙江省湖泊名称代码格式为：BSSCNNN，其中 B：一位字母表示一级流域。引用《水利工程代码编制规范》（SL 213—2012）确定的一级流域分类码，F 指长江流域，G 指浙、闽、台诸河流域；SS：二位数字表示湖泊所属省级行政区，浙江省代码为 33。引用《中华人民共和国行政区划代码》（GB/T 2260—2007）；C：一位字母码表示湖泊水化学性质等状况；浙江省湖泊均属淡水湖，取值 A。引用《中国湖泊名称代码》（SL 261—1998）确定的湖泊水化学性质分类码，NNN：三位数字表示一级流域内按湖泊面积大小范围（分为 5 级），由大到小排列的湖泊编号；按湖泊面积大小范围（分为 5 级），湖泊面积由大到小依次进行编号：湖泊面积大于 $1000km^2$，编号为 001～099；湖泊面积为 500～$1000km^2$，编号为 101～199；湖泊面积为 100～$500km^2$，编号为 201～299；湖泊面积为 10～$100km^2$，编号为 301～499；湖泊面积为 1～$10km^2$，编号为 501～999。

  浙江省内的湖泊除了宁波市的东钱湖，其他湖泊面积均在 $10km^2$ 以下，属于小型湖泊，具体见表 5-1 和表 5-2。

表 5-1　　　　　长江流域各湖泊名称及代码信息表（浙江省境内）

代　　码	湖泊名称	所在地区	说　　明
F33A501	南湖	嘉兴市秀城区	
F33A502	莲泗荡	嘉兴市秀洲区	
F33A503	夏墓荡	嘉兴市嘉善县	
F33A504	祥符荡		
F33A505	蒋家漾		
F33A506	宁溪漾	湖州市德清县	

代　码	湖泊名称	所在地区	说　明
F33A507	马斜湖	嘉兴市嘉善县	
F33A508	天花荡	嘉兴市秀洲区	
F33A509	杨家荡	嘉兴市嘉善县	
F33A510	田北荡	嘉兴市秀洲区	
F33A511	和孚漾	湖州市南浔区	
F33A512	商林漾	湖州市吴兴区	
F33A513	西山漾		
F33A514	洛舍漾	湖州市德清县、湖州市吴兴区	
F33A515	西葑漾	湖州市德清县	
F33A516	韶村漾		
F33A517	下渚湖		
F33A518	百亩漾		
F33A519	南北湖	湖州市海盐县	
F33A520	盛家漾	湖州市长兴县	
F33A521	北许漾	嘉兴市嘉善县	
F33A522	长白荡		
F33A523	湘家荡	嘉兴市秀城区	
F33A524	萱溪漾	湖州市德清县	

表5-2　　浙、闽、台诸河湖泊名称代码（浙江省境内）

代　码	湖泊名称	所在地区	说　明
G33A301	东钱湖	宁波市鄞州区	
G33A501	西湖	杭州市西湖区	
G33A502	狭獉湖	绍兴市越城区	
G33A503	鉴湖	绍兴市越城区、绍兴县	
G33A504	瓜渚湖	绍兴市绍兴县	
G33A505	白塔洋		
G33A506	贺家池	绍兴市绍兴县、上虞市	
G33A507	白塔湖	诸暨市	
G33A508	皂李湖	上虞市	
G33A509	牟山湖	余姚市	
G33A510	白马湖	杭州市萧山区、滨江区	
G33A511	白马湖	上虞市	
G33A512	湘湖	杭州市萧山区	

本章选取长江流域湖泊，浙、闽、台诸河流域湖泊各一个，分别为湖州市洛舍漾，杭州市西湖。

5.1 长江流域湖泊方案编制案例分析

本书以《浙江省杭州市西湖"一河（湖）一策"实施方案（2017—2020年)》为例进行分析研究。

5.1.1 现状调查

5.1.1.1 河道现状调查

西湖位于浙江省杭州市。西湖环湖线长 18.05km，南北长 3.3km、东西长 2.8km，汇水面积为 21.22km²，蓄水量约 1450 万 m³，湖水最深处为 5m，平均水深约 2.5m。

5.1.1.2 污染源调查

污水处理概况。区域内共有污水处理设施 1 座（长桥溪水净化处理站），处理规模为 1000m³/d，污水经处理后排入西湖。

5.1.1.3 涉河（沿河）构筑物调查

取排水口构筑物主要包括：①红标山庄（地下泵房）2 万 m³/d；②卧龙桥（地下泵房）5 万 m³/d；③岳湖泵站（市排水公司）10 万 m³/d；④苏堤玉带桥边（地下泵房）2 万 m³/d。排水口有岳湖泵站、北里湖、圣塘闸、一公园、五公园、大华、涌金池、金牛池、柳浪闻莺等 9 个排水口。

5.1.1.4 水环境质量调查

西湖外湖监测断面的水质为Ⅳ类水，达到景观用水要求。

5.1.2 问题分析

根据现状调查结果，河道（湖泊）的主要问题为水环境污染、水资源保护、水域岸线管理、水环境行政执法（监管）等方面。

5.1.2.1 水环境污染现象仍然局部存在

水质虽然总体较好，但水生态系统不稳定，总氮含量较高，部分时段局部

水域有发生藻类异常增殖的现象。沿湖周边雨污合流现象时有发生。

5.1.2.2　岸线管理与保护仍需加强

目前已划定管理范围 6.5km²，划定管理范围和保护范围的水利工程 1 处，西湖引配水及流场优化工程。

5.1.2.3　水资源保护工作需进一步深入

湖区总氮浓度需要进一步降低。沿湖雨水管线需要升级改造，雨污风流。需要进一步加大湖区浮游植物生活规律的科学研究。需要构建稳定的水生植物群落系统。

5.1.2.4　水生态修复工作需要重视

西湖流域部分区域存在着水土流失问题，如西湖金沙涧段因暴雨期间对河床的冲刷导致水土流失严重；导致花园区域河段淤积严重。

5.1.2.5　执法监管能力有待提升

湖岸线 5m 管理范围内仍存在不备案进行环湖建设的情况，仍存在非法排污、设障、捕捞等现象。沿湖巡查力度需进一步加强，执法合力需进一步整合，信息化建设水平有待提升。

5.1.3　总体目标

预计 2020 年，西湖水功能区水质及全面达到地表Ⅳ类标准，地表水省控断面水质达到或优于Ⅲ类比例达到 100%；有效清除存量淤泥，建立轮疏工作机制，严厉打击侵占水域、非法采砂、乱弃渣土等违法行为，加大涉水违建拆除力度，基本建成河湖健康保障体系和管理机制，实现河湖水域不萎缩、功能不衰减、生态不退化。

5.1.4　主要任务

5.1.4.1　水污染防治

1. 湖区清淤工程

开展西湖清淤（污）工程。每年针对西湖湖区进行不少于 5000m³ 的清淤工作。

2. 湖面保洁工作

（1）12h/d 以上高频次清理西湖水域水面垃圾、水体障碍物及沉淀垃圾。

（2）加强船舶垃圾和废弃物的收集处理，带有卫生设施的休闲船舶在学士桥码头污水收集器排污，已接入污水网管。

（3）发生突发性、重大水污染事件时，及时向西湖名胜区环境保护局等主管部门报告；受台风、暴雨影响的湖区，组织专门力量第一时间清理湖区中的垃圾、杂草、枯枝败叶、障碍物等，确保湖区整洁，航道通畅。

3. 船舶港口污染控制

（1）所有机动船舶要按有关标准配备垃圾桶等环保设备。

（2）码头等船舶集中停泊区域，统一到学士桥码头污水回收器排放船舶含油污水、生活污水，并提供台账备查。垃圾统一收集外运，做到含油污水、垃圾上岸处理。

5.1.4.2　水环境治理

1. 入河排水口监管

开展河道沿岸入河排水口规范整治，统一标识，实行"身份证"管理，公开排放口名称、编号、汇入主要污染源、整治措施和时限、监督电话等，并将入河排放口日常监管列入基层河长履职巡查的重点内容。依法开展新建、改建或扩建入河排水口设置审核，对依法依规设置的入河排水口进行登记，并公布名单信息。

2. 水系连通工程

按照"引得进、流得动、排得出"的要求，持续运行引配水工程：西湖钱塘江引水主线路为穿越玉皇山、九耀山注入小南湖（流量 3.125m³/s），途中分流经莲花峰提升后注入长桥湾（流量 0.475m³/s），合计引水流量 3.6m³/s；另一路从赤山埠经杨公堤注入黄篾楼、乌龟潭醉白楼、都锦生等湖西水域，合计流量 1.2m³/s。通过排水口向市区河道配水；岳湖泵站流入浙大护校河、沿河等，流量 1.2m³/s；北里湖、圣塘闸、五公园流入古新河，合计流量 18.9m³/s；大华、涌金池、一公园、柳浪闻莺经南山路雨水管、洗纱渠流入运河，合计流量 1.5m³/s；金牛池经西湖大道雨水管流入中河，流量 0.5m³/s，增强水体流动性。

5.1.4.3　水资源保护

1. 水功能区监督管理

加强水功能区水质监测和水质达标考核，定期向政府和有关部门通报水功能区水质状况。发现重点污染物排放总量超过控制指标的，或者水功能区的水质未达标的，及时报告政府采取治理措施，并向区环保部门报告。

2. 河湖生态流量保障

引水 1.2 亿 m³/a。当出水浊度不大于 7NTU，且透明度不小于 120cm 时，向城市下游河道配水。

5.1.4.4　水域岸线管理保护

1. 河湖管理范围划界工作

根据《杭州市西湖水域保护管理条例》，西湖 6.5km² 管理范围，明确管理界线，严格涉湖活动的社会管理。

2. 水域岸线保护

科学划分岸线功能区，严格生态空间管控，严禁侵占水面、擅自改变水岸线。

3. 标准化创建

除连续特大暴雨等异常天气外，全年西湖水位保持高程为（7.18±0.05）m 的范围在 292d 以上；及时向下游河道进行配水；每月对北里湖、圣塘闸、一公园、大华、涌金池、柳浪闻莺等阀门井的手动系统进行检查和测试、维护保养，保证开闭正常；每次开放闸时间、开闸高度、流量进行详细记录，制作每天引配水日报表，做好台账和月报，及时上报有关部门；每天对西湖水位进行测量，做好水位记录，遇西湖进出水量大时，增加测量次数。

5.1.4.5　水生态修复

1. 生态河道建设

西湖水域绿带（荷花及沉水植物种植）建设 394741m²，西湖排水口改造五公园、大华、涌金池、一公园、柳浪闻莺、金牛池 6 处。

2. 西湖清淤

完成西湖清淤 0.5 万 m³，制定分年度清淤方案。重点做好湖区重点航道的清淤工作，妥善处置河道淤泥，加强淤泥清理、排放、运输、处置的全过程管理；探索建立清淤轮疏长效机制，实现西湖淤疏动态平衡。

5.1.4.6 执法监督

加强湖区管理范围内违法建筑查处，打击湖区沿岸 5m 管理范围内违法行为，坚决清理整治非法泥浆水排污、捕捞、养殖、采砂、侵占水域岸线等活动；建立"一湖一长"日常监管巡查制度，利用湖岸结合巡查、建立微信等监督平台等方式，实行湖区动态监管。

5.1.5 保障措施

5.1.5.1 组织保障

明确西湖的河长和联系部门。明确湖长、下级湖长以及牵头部门的具体职责，其他相关部门做好具体配合工作。

5.1.5.2 督查考核

由河长制办公室考核"一湖一策"的工作实施情况。建立"部门明确、责任到人"的河长制工作体系，强化层级考核。河长制办公室定期召开协调会议，同时组织成员单位人员定期或不定期开展督查，及时通报工作进展情况。

5.1.5.3 资金保障

进一步强化各项涉水资金的统筹与整合，提高资金使用效率。加大向上对接争取力度，依托重大项目，从发改、水利、环保、建设、农业等线上争取资金。同时，多渠道筹措社会资金，引导和鼓励社会资本参与治水。

5.1.5.4 技术保障

加大对西湖清淤、轮疏机制、淤泥资源化利用以及生态修复技术等方面的科学研究，解决"一湖一策"实施过程中的重点和难点问题。同时，加强对水域岸线保护利用、排水口监测审核等方面的培训交流。

5.1.5.5 大众参与

充分发挥广播、电视、网络、报刊等新闻媒体的舆论导向作用，加大对河长制的宣传，让水资源、水环境保护的理念真正内化于心、外化于行。加大对先进典型的宣传与推广，引导广大群众自觉履行社会责任，努力形成全社会爱

水、护水的良好氛围。

5.2 浙、闽、台诸河流域湖泊方案编制案例分析

以《浙江省湖州市洛舍漾"一湖一策"实施方案（2018—2020 年）》为例
进行分析研究。

5.2.1 现状调查

5.2.1.1 湖漾现状调查

洛舍漾位于湖州市吴兴区东林镇和德清县洛舍镇交界处，常年水面面积
达 149 万 m^2，其中吴兴区东林镇所辖水面面积为 77 万 m^2、德清县洛舍镇所
辖水面面积为 72 万 m^2，隶属吴兴区部分常年水量达 184.22 万 m^3。洛舍漾所
属吴兴区东林镇东南村常住人口为 1639 人，主导产业为水产养殖和农业种
植等。

5.2.1.2 污染源调查

洛舍漾（吴兴）周边共有耕地 100 余亩，主要种植水稻，有湖羊养殖场 1
家，存栏 1000 头，鱼塘养殖场 9 家，面积 450 亩。区域内现有农村污水处理
设施 34 处，处理率 85%，覆盖人口为 1639 人，处理后排向农田。区域内无
涉水工矿企业和其他三产行业，除少量生活用水流入漾体外基本没有其他面
源污染。

5.2.1.3 涉湖构筑物调查

洛舍漾（吴兴）现共有水闸 2 座，泵站 2 座，桥梁 3 座，管理站房 2 处，
取排水口 1 处，堤防 4.57km。

5.2.1.4 饮用水水源及供水概况

区域内无集中式饮用水水源地。

5.2.1.5 水环境质量调查

洛舍漾水质较好，监测断面水质常年为Ⅲ类水及以上，从检测数据来看，
主要超标因子是溶解氧。

5.2.2　问题分析

通过调查分析发现，洛舍漾（吴兴）水体治理主要有以下一些问题。

5.2.2.1　污染源整治有待加强

洛舍漾（吴兴）流经的东南村生活污水已经采用纳管处理，但仍存在个别生活污水流入的情况，需要加强治理。同时，对周边稻田种植灌溉用水和鱼塘养殖尾水的管理工作需要进一步加强。

5.2.2.2　岸线管理与保护需要加强

要进一步编制划定洛舍漾（吴兴）河道管理范围和保护范围，着力加强堤防水利工程标准化建设。

5.2.2.3　水资源保护工作有待深入

需进一步提高漾体水质监测频次，水质提升工作力度需进一步加强，确保水资源得到有效保护。

5.2.2.4　执法监管能力有待提升

洛舍漾（吴兴）管理范围内仍存在非法捕捞、养殖等现象，河道巡查力度仍不够，执法能力有待增强，信息化建设水平有待提升。

5.2.3　总体目标

开展洛舍漾（吴兴）专项治理工作，通过湖岸整治、长效保洁、定期检测等措施，切实改善洛舍漾水质及周边生态环境。到 2020 年，全面完成水域岸线保护利用规划编制，区域水利工程均达到标准化管理，全面清除湖塘污泥，有效清除存量淤泥，建立轮疏工作机制，严厉打击涉水违法行为，实现管理范围内基本无违建，基本建成湖漾健康保障体系和管理机制，实现河湖水域不萎缩、功能不衰减、生态不退化。

5.2.4　主要任务

5.2.4.1　水资源保护

加强漾体水质监测和水质达标考核，定期通报水质状况。发现污染物排放总量超过控制指标的，或者水质未达标的，应及时报告政府采取治理措施，并向环保部门通报。

5.2.4.2 水域岸线管理保护

1. 水域岸线保护

开展洛舍漾岸线利用规划编制工作，科学划分岸线功能区，明确管理接线，严格河湖生态空间管控，严控涉湖活动的社会管理。

2. 标准化创建

加快推进涉湖水利工程标准化管理工作，完成洛舍漾（吴兴）沿岸堤防工程的标准化管理创建工作。

5.2.4.3 水污染防治

1. 工业污染防治

在加快推进东林镇低、小、散企业综合整治工作基础上，坚决杜绝湖漾周边新增对水环境影响较大的低、小、散落后企业（作坊或加工点），切实做好危险废物和污泥处置监管，建立危险废物和污泥产生、运输、储存、处置全过程监管体系，积极开展湖塘清淤（污）工程。

2. 农业农村污染防治

（1）防治畜禽养殖污染包括以下方面：

1）根据畜禽养殖区域和污染物排放总量"双控制"制度以及禁养区、限养区制度划定两岸周边区域畜禽养殖规模。

2）有计划、有步骤地发展农牧紧密结合的生态养殖业，减少养殖业单位排放量。

3）切实做好畜禽养殖场废弃物综合利用、生态消纳，做好处理设施的运行监管。

（2）控制农业面源污染包括以下方面：

1）以发展现代生态循环农业和开展农业废弃物资源化利用为目标，切实提高农田的相关环保要求，减少农业种植面源污染。

2）引导农民科学施肥，在政策上鼓励施用有机肥，减少农田化肥氮磷流失。

3）推广商品有机肥，逐步降低化肥使用量。

4）开展农作物病虫害绿色防控和统防统治，降低农药对土壤和水环境的影响。

5）健全化肥、农药销售登记备案制度，建立农药废弃包装物和废弃农膜回收处理体系。

（3）防治水产养殖污染包括以下方面：

1）划定禁养区、限养区，严格控制漾体周边鱼塘养殖规模。

2）鼓励鱼塘养殖户因地制宜发展池塘循环水、工业化循环水和稻鱼共生轮作等循环养殖模式。

（4）开展农村环境综合整治包括以下方面：

1）以治理农村生活污水、垃圾为重点，制订整村环境整治计划，明确湖漾周边环境整治阶段目标。

2）选择经济实用、维护简便、循环利用的生活污水治理工艺，开展农村生活污水治理。按照农村生活污水治理村覆盖率达到 100% 以上，农户受益率达到 85% 以上的要求，提出治理目标。

3）实现农村生活垃圾户集、村收、镇运、县处理体系全覆盖，完善以村为主体的"市场运作、村级监管、乡镇考核"保洁模式，提升洛舍漾及周边环境治理成效。

5.2.4.4　水环境治理

1. 入漾排污（水）口监管

开展入漾排污（水）口规范整治，统一标识，实行"身份证"管理，公开排放口名称、编号、汇入主要污染源、整治措施和时限、监督电话等，并将入漾排放口日常监管列入基层湖长履职巡查的重点内容。依法开展新建、改建或扩建入漾排污（水）口设置审核，对依法依规设置的入漾排污（水）口进行登记，并公布名单信息。

2. "清三河"巩固措施

巩固"清三河"成效，加强对已整治好漾体的监管，推进"清三河"工作向小沟、小渠、小溪、小池塘等小微水体延伸，参照"清三河"标准开展全面整治，以村为主体，做到无盲区、全覆盖。

5.2.4.5 水生态修复

1. 生态河道建设

实施生态湖漾建设，加快推进堤防景观改造、闸坝改造等工程。

2. 河湖库塘清淤

制定分年度清淤方案，完成河湖库塘清淤工作。妥善处置河道淤泥，加强淤泥清理、排放、运输、处置的全过程管理。探索建立清淤轮疏长效机制，实现淤疏动态平衡。

5.2.4.6 执法监督

加强对湖漾管理范围内违法建筑的查处，打击湖漾管理范围内的违法行为，坚决整治非法排污、设障、捕捞、养殖、采砂、围垦、侵占水域岸线等活动；建立河道日常监管巡查制度，实行河道动态监管。

5.2.5 保障措施

5.2.5.1 组织保障

明确各级河长及责任单位，落实具体治理和监管工作。定期组织环保、住建、水利、城管执法、农林渔业、工商等部门及站所开展联合执法，加强协作配合，形成工作合力。

5.2.5.2 督查考核

由湖长制办公室考核"一湖一策"的工作实施情况，并要求涉及东林镇和东南村按行政辖区范围建立"部门明确、责任到人"的湖长制工作体系，强化层级考核。由湖长制办公室定期召开协调会议，组织定期或不定期开展督查，及时通报工作进展情况。

5.2.5.3 资金保障

强化各项涉水资金的统筹与整合，提高资金使用效率。加大向上对接争取力度，依托重大项目，从发改、水利、环保、建设、农业等线上争取资金。同时，多渠道筹措社会资金，引导和鼓励社会资本参与治水。

5.2.5.4 技术保障

加大对清淤、轮疏机制、淤泥资源化利用以及生态修复技术等方面的分析研究，探索解决"一湖一策"实施过程中的重点和难点问题。同时，加强对水域岸线保护利用、排污口监测审核等方面的培训交流。

5.2.5.5　大众参与

充分发挥广播、电视、网络、报刊等新闻媒体的舆论导向作用，加大对湖长制的宣传，让水资源、水环境保护的理念真正内化于心、外化于行。加大对先进典型的宣传与推广，引导广大群众自觉履行社会责任，鼓励建立义务护湖队，努力形成全社会爱水、护水的良好氛围。

第6章

水库"一河（湖）一策"方案编制案例分析

本章分别选取大型水库以丽水滩坑水库（大型）为例，中小型水库以慈溪梅湖水库（中型）为例，作为"一湖一策"方案编制示范，其他类型水库的方案编制类似。

6.1 大型水库方案编制案例分析

本书以《滩坑水库"一湖一策"实施方案（2018—2020 年）》为例进行分析。

为全面落实"湖长制"相关要求，深入推进滩坑水库水环境保护和综合治理，持续改善水环境质量，切实保障人民群众饮用水安全，制订本实施方案。

6.1.1 现状调查

6.1.1.1 水库现状调查

滩坑水库为浙江第二大人工湖，大坝至库尾干流回水总长度为 80km（景宁段、青田段），总面积约 70.93km² （景宁段、青田段），总库容为 41.9 亿 m³ （景宁段、青田段），平均水深为 58m。其中景宁县域内约占 51%，青田县域内约占 49%。景宁县域内自然水流除景宁县城附近段为Ⅲ类地表水外，其余水质皆在Ⅱ类以上，涉及红星、渤海、九龙等乡镇（街道）。青田县域内水域面积为 35km²。滩坑水库坝址坐落于北山镇下游的滩坑村附近，距青田县城约 32km，是一座以发电为主，兼顾防洪及其他综合利用效益的一座具有多年调节能力的大（1）型水库，坝址以上集水面积为 3300km²。水库校核洪水位为 169.15m，

175

总库容为 41.9 亿 m³，正常蓄水位为 240.00m，相应库容为 35.20 亿 m³，发电装机容量为 604MW。

6.1.1.2　污染源调查

（1）农林牧渔业概况。湖（库）两岸周边共有耕地 5620 亩，主要种植蔬菜、果树、水稻等。

（2）涉水第三产业概况。区域内共有餐饮业 15 家，全部污水纳入城市市政管网。

（3）污水处理概况。区域内共有污水处理厂 1 家，规模 1.5 万 t/d，处理率为 96.48%，污水处理后排向千峡湖水系；农村污水处理设施 13 处，处理能力 2300t/d，处理率 70%，覆盖人口 9000 人，处理后排入千峡湖水系。

（4）农业用水概况。随着丽水城市化进程和经济社会的快速发展，以农业灌溉为主的好溪堰逐渐成为城市内河，区域内灌区规模为 5000 亩，农作物主要为蔬菜及果树等，灌溉面积为 5000 亩。

6.1.1.3　构筑物调查

构筑物调查主要包括水库 9 座、水闸 11 座、堤防管理站房 3 处、取排水口及设施 13 处、道桥 7 座等。滩坑水库工程枢纽由大坝、溢洪道、泄洪洞、引水系统、发电厂房、地面开关站等建筑物组成，为一等工程。大坝、溢洪道、泄洪洞、电站进水口为 1 级建筑物，按 1000 年一遇防洪标准设计，可能最大洪流量（PMF）校核；厂房、引水系统、下游出口消能等为 2 级建筑物，按 100 年一遇洪水设计，500 年一遇洪水校核。大坝为钢筋混凝土面板堆石坝，最大坝高为 162m，坝顶高程为 171.00m，溢洪道为开敞式溢洪道，设有 6 孔溢流堰，闸门尺寸为 12m×14m（宽×高），最大泄流量（PMF）为 14335m³/s。泄洪洞布置在左岸溢洪道与左坝头之间的山体内，最大泄流量（PMF）为 1728m³/s。另外，千峡湖生态旅游度假区建有 3 个码头。

6.1.1.4　水质环境调查

滩坑水库为饮用水水源区，水质目标为Ⅱ类，本湖（库）内目前情况良好，无黑臭现象，无污染直排现象，水质清澈见底。根据青田县环境保护局公布的 2018 年 5 月地表水环境质量状况，滩坑水库坝前水质为Ⅰ类水，水质达标。

6.1.2 问题分析

6.1.2.1 截污方面

从调查情况，本湖（库）涉及的行政村，已进行污水管网铺设工程，在管网铺设过程中，碰到一些房屋过密，三级管网无法铺设，个别群众缺乏大局观，因其他原因阻止管网铺设的情况。但是所辖行政村均没有污水直排入河现象。

6.1.2.2 湖（库）疏浚及保洁方面

主河段水面保洁，湖（库）保洁均已落实人员、职责明确，制度健全，但还存在一些薄弱环节，如：①保洁人员履职不到位的现象时有出现；②监管执行力度不够；③河道管理范围内仍存在非法排污、钓鱼等现象；④河道巡查力度仍不够，执法能力有待增强；⑤信息化建设水平有待提升。

6.1.2.3 村民水环境保护意识方面

目前村民水环境保护意识虽有提升，但仍较淡薄，仍会出现村民乱倒污水、乱丢垃圾现象等。

6.1.2.4 水资源保护工作方面

小溪流域监督管理能力有待加强，区域内小沟、小渠、小溪、小池塘等小微水体周边垃圾堆积的情况还是时常出现。严防"水污染"问题反弹压力大，在加强河道源头治理、完善长效保洁机制，防止已治理的垃圾河、黑臭河反弹方面，还需不断探索创新。

6.1.3 总体目标

"五水共治"，治污先行。一方面要抓生产保供给，大力发展种植业、畜牧业，保障农产品供给；另一方面又要抓治理保生态，大力加快化肥、农药、畜禽排泄物污染治理，控制湖（库）的污染。在"五水共治"大战略背景下，切实抓好农业面源的治污工作。预计到 2020 年，地表水环境功能区达标率为100%，跨村域河流交接断面、乡集中式饮用水水源地水质达标率均 100%。加强水功能区监督管理能力，基本建成水库健康保障体系和管理机制。

6.1.4   主要任务

6.1.4.1   农村生活污染治理工程

深入开展"六边三化三美""三改一拆""小城镇环境综合整治"等专项行动，以治理农村生活污水、垃圾为重点，深入推进农村环境连片整治。加大政府投入，加快生活污水管网建设进度，尤其是人口集聚区、农村居民新安置小区等区域建设，提高污水收集能力；进一步推进雨污分流，提高污水处理设施进口污水浓度；完善污水管网应急处置机制，确保污水管网规范达标运行。凡新建小区必须配套生活污水处理设施。具备截污纳管的村庄，要做好截污纳管工作；不具备截污纳管的村庄，要因地制宜建设集中式污水处理设施，或采取分户式、联户式方式处理生活污水。加强对湖（库）两旁及水面垃圾的清理，建立健全环境卫生和污水处理设施长效管理机制，全面实现农村生活垃圾日产日清。

6.1.4.2   农业面源污染治理工程

着力加强种植业污染防治，大力发展生态循环农业，开展农业废弃物资源化利用。加快推广测土配方施肥技术，推广使用商品有机肥，引导农民科学施肥，减少农田化肥氮磷流失。大力推广运用病虫害综合防治、生物防治和精准施药等技术，切实降低农药对土壤和水环境的影响。商品有机肥推广达到县级要求，化肥施用强度逐年降低。加强食用菌废弃菌棒管理。加大宣传力度，禁止乱倾倒行为。在食用菌种植集中区域设置废弃菌棒回收点，帮助食用菌种植户与生物颗粒燃料生产厂商以及农产品种植基地建立供需关系，做好废弃食用菌棒回收工作，将废弃食用菌棒加工成生物颗粒燃料和有机肥。根据种养配套，农牧结合，生态循环、污染减排的总体要求，扎实推进生态养殖相关工作。

6.1.4.3   河道综合整治工程

深入贯彻湖（库）生态建设理念，建立健全湖长制，通过清淤疏浚、岸坡整治、水系沟通、生态修复等综合治理措施，全力推进流域重点湖（库）整治。同时，对已整治的湖（库）全部实施保洁长效管理，增加保洁经费，完善保洁设备，健全保洁队伍建设，规范工作制度，进一步提高湖（库）保洁质量。加强湖（库）管理，加强对毒鱼、电鱼等现象的管理。截至 2018 年，流经村庄等人口集聚区湖（库）保洁率为100％；在进一步完善长效管理机制的基础上，大部分湖（库）基本功得到了有效恢复。截至2019年，实现主要湖（库）保洁率100％，所有湖（库）的基本功能有效恢复，实现"常清"目标。流经人口集聚区的主要湖（库）全河段、全时段达到水环境质量标准。

6.1.4.4 城乡饮水安全保障工程

严格饮用水水源保护，科学划定饮用水水源保护区，坚决取缔饮用水水源一级保护区内所有与供水设施和水源保护无关的建设项目，禁止一切可能污染饮用水水源的活动，坚决取缔二级保护区内所有违法建设项目，严格控制水源地周边地区的开发活动。全面推进合格规范饮用水水源保护区创建，严格排查饮用水水源地安全隐患，2018年年底，所有集中式饮用水水源地全面完成合格规范饮用水水源创建工作。全面推进饮用水水源集雨区范围生产生活污水和垃圾治理，积极引导饮用水水源保护区范围内农民下山脱贫或生态移民。加强饮用水水源地环境应急预警。积极推进应急备用饮用水水源地规范化建设，强化饮用水水源保护区环境应急管理。加强对道路危险化学品运输安全管理，落实水源保护区及周边沿线公路等必要的隔离和防护设施建设。定期组织开展演练，全面提升饮用水水源保护应急保障和处置能力。

6.1.5 保障措施

6.1.5.1 全面实施"湖长制"

根据湖（库）所在行政区域逐级分区设立市、县、乡（镇）级、村级河长。各级湖长负责牵头推进所包干湖（库）水环境治理的重点工作，强化督促检查，确保完成各项目标任务。切实加强对湖长制实施工作的组织协调，严格实施"湖长制"工作考核。

6.1.5.2 强化要素保障

（1）强化资金保障。进一步强化各项涉水资金的统筹与整合，提高资金使用效率。把水环境治理作为公共财政支出的重点，加大对水环境治理的财政支持力度。持续加大生态环保财力性转移支付资金投入，依托重大项目，从发改、水利、环保、建设、农业等线上争取资金。同时，多渠道筹措社会资金，引导和鼓励社会资本参与治水。

（2）强化技术保障。加大对河道清淤、轮疏机制、淤泥资源化利用以及生态修复技术等方面的科学研究，解决"一河（湖）一策"实施过程中的重点和难点问题。加强水污染防治和水环境保护相关的科研攻关，重点抓好农村污水治理、饮用水安全保障、面源污染控制、湖库富营养化控制、生态修复等方面技术的研究和推广。大力发展环保产业，加快培育一批环保特色产业基地，建立环保产业体系，为水环境治理提供支撑。

6.1.5.3　完善体制机制

（1）加强对包干湖（库）的日常保洁工作，定期组织人员进行河道清理，加强农村污水、生活垃圾收集处置等基础设施建设，加大沿线垃圾收集、清运，加强环境卫生巡查监管，减少湖（库）面源污染，提升湖（库）生态环境。

（2）加强对流域附近居民的环保宣传教育工作，深入各村通过发放环保宣传册，开展环境保护主题讲座，在公告栏张贴环保宣传资料等形式，提升居民的环保意识并积极参与水环境保护，形成共建共享的良好氛围，使"五水共治"工作取得长效。

（3）加强水功能区水质监测和水质达标考核，定期向政府和有关部门通报水功能区水质状况。发现水功能区的水质未达标的，应及时报告政府采取治理措施，并向环保部门通报。

（4）规范景点的环境管理行为，推行清洁消费、清洁旅游；码头等船舶集中停泊区域，要按有关规范配置船舶含油污水、垃圾的接收存储设施，建立健全含油污水、垃圾接收、转运和处理机制，做到含油污水、垃圾上岸处理。

滩坑水库"一湖一策"实施方案重点项目汇总表见表 6-1。

表 6-1　　　　滩坑水库"一湖一策"实施方案重点项目汇总表

序号	分　类	项　目　数	投资/万元
一	**水资源保护**		
1	节水型社会创建		
2	饮用水水源保护	3	
二	**河湖水域岸线管理保护**		
3	河湖管理范围划界确权		
4	清理整治侵占水域岸线、非法采砂等		
三	**水污染防治**		
5	工业污染治理		

序号	分　　类	项　目　数	投资/万元
6	城镇生活污染治理		
7	农业农村污染防治	2	
8	船舶港口污染控制	1	
四	**水环境治理**		
9	入河排污（水）口监管		
10	水系连通工程		
11	"清三河"巩固措施		
五	**水生态修复**		
12	河湖生态修复		
13	防洪和排涝工程建设		
14	河湖库塘清淤		
六	**执法监管**		
15	监管能力建设	1	
	合　　计	7	

滩坑水库"一湖一策"实施方案重点项目推进工作表见表6-2。

表6-2　　　　滩坑水库"一湖一策"实施方案重点项目推进工作表

分　类		县	乡镇（街道）	牵头单位	项目名称	项目内容	完成年限
一、水资源保护	（一）落实最严格水资源管理制度						
	（二）水功能区监督管理	景宁县	红星街道办事处	红星街道办事处	双坑河道摄像头安置工程	河道沿岸安装摄像头	2018
					王金垟河道摄像头安装工程		
					金包山水稻田管灌工程	灌溉管道建设	
					杨绿湖村碧水映村项目	堰坝修复、河道整治	
					双坑河道堰坝修建工程	修建堰坝	
	（三）节水型社会创建						
	（四）饮用水水源地保护	景宁县	红星街道办事处	红星街道办事处	王金垟饮用水管网改造工程	管网改造	2018

分类		县	乡镇（街道）	牵头单位	项目名称	项目内容	完成年限
二、河湖水域岸线管理保护	（五）河湖管理范围划界						
	（六）水域岸线保护						
	（七）标准化管理						
三、水污染防治	（八）工业污染治理						
	（九）城镇生活污染治理						
	（十）农业农村污染防治	景宁县	渤海镇人民政府	渤海镇人民政府	梅坑村生活污水提升工程	梅坑村生活污水提升工程	2018
			红星街道办事处	红星街道办事处	岭北村旺山养猪场拆除工程	拆除旺山养猪场	
	（十一）船舶港口污染控制	青田县		青田县水利局	滩坑库区船舶港口污染控制工程	滩坑库区船舶码头污染控制	2020
四、水环境治理	（十二）入河排污（水）口监管						
	（十三）水系连通工程						
	（十四）"清三河"巩固措施						
五、水生态修复	（十五）生态河道建设						
	（十六）防洪和排涝工程建设						
	（十七）水土流失治理						
	（十八）河湖库塘清淤						
六、执法监管	（十九）监管能力建设	青田县		青田县水利局	滩坑水库库区监管工程	库区的监管工程建设	2020

6.2 中型水库方案编制案例分析

以《浙江省慈溪市梅湖水库"一湖一策"》实施方案为例进行分析。

6.2.1 基本情况

6.2.1.1 梅湖水库概况

梅湖水库位于慈溪市横河镇南部,属于甬江流域,钱塘江水系,东江(东横河)支流伍梅江。水库集雨面积为 23.50km²,水域面积为 1.28km²。主干梅溪,发源于四明山余脉踏脑岗西麓老虎顶,向西流经戚家大山、陆家山顶,至陆家山顶下游约 1.5km 处入库区,干流全长 9.82km,平均比降为 0.0128。下游经伍梅江,东横河,入慈溪中河区。

梅湖水库是一座以防洪为主,结合供水、灌溉等综合利用的中型水库,始建于 1958 年 1 月;1962 年年底竣工蓄水;1969 年水库扩建,溢洪道侧堰加高 1m;1977 年 1 月,加固加高内外镇压层;1979 年 10 月,保坝溢洪道拓宽完成。梅湖水库工程等别为三等,工程规模为中型,现状枢纽工程主要由大坝、溢洪道、泄洪隧洞、发电输水隧洞、电站等部分组成。大坝、溢洪道、泄洪隧洞进水口等主要建筑物级别为 3 级,尾水渠等次要建筑物级别为 4 级。防洪标准按 50 年一遇设计,2000 年一遇校核。工程区为Ⅲ类场地,相应的地震动峰值加速度为 0.065g,地震动反应谱特征周期为 0.45s;地震基本烈度为Ⅵ度,以基本烈度为抗震设防烈度。

梅湖水库正常蓄水位为 20.13m,相应库容为 1304 万 m³(2010 年复核后的水位库容曲线),设计洪水位为 21.79m,相应库容为 1520 万 m³;校核洪水位为 22.75m;总库容为 1653 万 m³;死水位为 9.13m,死库容为 235 万 m³。

6.2.1.2 存在问题

横河镇梅湖水库建成至今,在防洪、供水方面发挥了巨大的作用,为横河经济发展作出了巨大的贡献。根据水质监测报告,梅湖水库水质状况良好,但氮含量很高。由于库区区域大、污染种类多、管理权限有限等原因,开展水源保护存在难度。

（1）水库位于山区，区域处于农村和农业区域，故工业污染轻，周边没有污染企业，但周边山农的生活污染较为严重，同时小规模的畜禽养殖和水产养殖场所也是重要的面源污染来源。其中水产养殖过程中水生动物摄食后的残余饵料、粪便、化肥等，进入水库及水库上流河道，就很容易造成氮磷含量过高。同样，畜禽养殖也会输出过量的营养物质。部分畜禽养殖场没有垃圾和污水处理设施，使得营养物质输入水库水体。

（2）水库上游村庄的居民生活污水未经处理直接排放等现象，对水库产生有较大危害。另外，生活污水中含有大量有机物，如纤维素、淀粉、糖类和脂肪蛋白质等，易引起水库水体的富营养化。

（3）由于水库换水周期较长，水体动力条件差，水环境容量有限，降水补充水量有限，入库水体不断把污染物带入水库内沉积，加上自身降解能力有限，容易引起污染物富集现象。

（4）梅湖水库流域内仍然存在违法行为，执法监管量大面广。横河镇饮用水水源保护工作小组在巡查过程中发现水库周边钓鱼、游泳、烧烤现象比较频繁。此外，部分企业未纳入环保管控范围，环境监管执法能力与污染源日常监管需求差距很大。

6.2.2　治理目标

梅湖水库为多功能区，目标水质为Ⅱ类。根据现状调查结果，河道（湖泊）存在的主要问题为水环境污染、水资源保护、河湖水域岸线管理、水环境行政执法（监管）等方面。预计到 2020 年，梅湖水库水环境质量进一步改善，地表水省控断面水质达到或优于Ⅱ类比例达到 100％，饮用水源水质稳定；严厉打击侵占水域、非法采砂、乱弃渣土等违法行为，加大涉水违建执法力度，实现梅湖水库管理范围内基本无违建，且无新增违建，基本建成水库健康保障体系和管理机制，实现水库水域不萎缩、功能不衰减、生态不退化。

6.2.3　主要任务

6.2.3.1　水污染防治

1. 工业污染治理

随着梅湖水库治水工作的开展，沿湖企业拆迁，流域内已无规模性污染企

业,工业污染治理由治理为主转为监管为主。进一步加强流域内工业污染监督执法力度,杜绝非法企业、家庭作坊等无证、非法经营企业非法排污;加强环评、环保审批力度,确保流域内新建、新增企事业单位污水、垃圾和危险废弃物治理设施、处置设施能够"自产自销",达标排放。

2.农业农村污染防治

针对梅湖水质氮含量过高的情况,主要从控制相关农业面源污染以及农村生活环境治理两个方面着手。

(1)控制农业面源污染方面:①以发展现代生态循环农业和开展农业废弃物资源化利用为目标,切实提高相关环保要求,减少农业种植面源污染;②加快测土配方施肥技术的推广应用,引导农民科学施肥,在政策上鼓励施用有机肥,减少化肥氮磷流失;③推广商品有机肥,逐年降低化肥使用量;④开展农作物病虫害绿色防控和统防统治,引导农民使用生物农药或高效、低毒、低残留农药,切实降低农药对土壤和水环境的影响,实现化学农药使用量零增长;⑤健全化肥、农药销售登记备案制度,建立农药废弃包装物和废弃农膜回收处理体系。

(2)开展农村环境综合整治方面:①以治理农村生活污水、垃圾为重点,制订建制村环境整治计划,明确水库岸周边环境整治阶段目标;②因地制宜选择经济实用、维护简便、循环利用的生活污水治理工艺,开展农村生活污水治理,按照农村生活污水治理村覆盖率达到90%以上,农户受益率达到70%以上的要求,提出治理目标;③实现农村生活垃圾户集、村收、镇运、县处理体系全覆盖,并建立完善相关制度和保障体系。

6.2.3.2 水环境治理

1.蓝藻治理

置物理拦挡,安排人员进行针对性打捞清理。为抑制水体富营养化污染引起的藻类暴发,水质破坏,通过专业化团队开展蓝藻治理工作,预防与治理并举。

2.水库保洁

为保障水库水质安全,水库每个月定期开展水库库面保洁,加强湖面保洁,确保湖面无漂浮物、垃圾等杂物。

6.2.3.3　水资源保护

1. 水功能区监督管理

加强水库水质监测和水质达标考核，逐步增加对梅湖水库的水质监测频率和监测项目，为科学保水提供可靠的依据。每个月定期对饮用水水源地水质监测断面进行水质采样，送至浙江省水资源监测中心宁波分中心，定期向政府和有关部门通报水功能区水质状况。发现重点污染物排放总量超过控制指标的，或者水功能区的水质未达标的，应及时报告政府采取治理措施，并向环保部门通报。

2. 饮用水水源保护

推进梅湖水库重要饮用水水源地达标建设，健全监测监控体系，建立安全保障机制，完善风险应对预案，同时采取水资源调度环境治理、生态修复等综合措施，达到饮用水水源地水量和水质要求。

6.2.3.4　河湖水域岸线管理保护

1. 水库管理范围划界工作

完成梅湖水库水利工程管理与保护范围划定工作，并设立界桩等标识，明确管理界线，严格涉湖活动的社会管理。对梅湖水库上游护坡、库区、西埠头横堤、西埠头村等4处（共635m）进行隔离。

2. 水域岸线保护

提升水库岸边景观绿化，重点保证现有植被的养护，继续加增加绿化覆盖，排查岸线沉降和坝体水土保持情况，防治水库岸线水土流失危害。

3. 标准化创建

加快推进水库及水利工程标准化管理工作，完成梅湖水库水利工程的标准化管理创建工作。从2017年开始，梅湖水库管理处就组织开展标准化平台学习培训与自验工作，通过查漏补缺对标准化有了更全面地了解。

6.2.3.5　水生态修复

1. 生态水库建设

积极创建以梅湖及其水利工程为依托的水利风景区。积极推广水库生态养殖新技术，转变放养模式，合理分析、严格控制水库鱼种放养的规格、比例和密度，努力使水库内生物形成相对较平衡的生物链；不断改善水库水体环境。

2. 水土流失治理

加强水库水土流失重点预防区域、重点治理区的水土流失预防监督和综合治理，提出封育治理、坡耕地治理、沟壑治理以及水土保持林种植等综合治理措施，对梅湖上游溪坑实施水土保持绿化工程；开展生态清洁型小流域建设，维护水库源头生态环境。

3. 水库清淤

做好水库清淤工作，鼓励选用生态环保的清淤方式；妥善处置河道淤泥，加强淤泥清理、排放、运输、处置的全过程管理；探索建立清淤轮疏长效机制，实现水库淤疏动态平衡。

6.2.3.6 执法监督

加强水库管理范围内违法建筑查处，打击水库管理范围内违法行为，主要查处各类未经审批的涉水违法行为及库面库区内倾倒各类垃圾、渣土、淤泥、或设置阻水障碍物的行为。建立水库日常监管巡查制度，升级水库运行管理设备，利用无人机、人工巡查、建立监督平台等方式，实行水库动态监管。

6.2.4 保障措施

6.2.4.1 组织保障

明确湖长制工作要求及进一步落实湖长制工作需要，明确水库的湖长和联系部门，建立组织领导管理体系；明确湖长、下级湖长以及牵头部门的具体职责。确保梅湖水库水环境工作落实到位，取得实效。解决好各单位、各部门之间的协作配合问题，建立部门间日常联系办公和会商机制，定期上报水库治理进展情况，对治理过程中遇到的难题，各部门要集体会商解决。

6.2.4.2 督查考核

强化督查考核，要做到检查督导到位。由河长制办公室考核"一湖一策"的工作实施情况。建立"部门明确、责任到人"的河长制工作体系，逐级落实责任制，做到责任到部门、责任到人；强化层级考核，区级对镇级进行考核，镇级对村级进行考核。河长制办公室定期召开协调会议，同时组织成员单位人员定期或不定期开展督查，及时通报工作进展情况。

6.2.4.3　资金保障

进一步强化各项涉水资金的统筹与整合，提高资金使用效率。加大向上对接争取力度，依托项目，统筹利用发改、水利、环保、建设、农业等各部门资金。同时，多渠道筹措社会资金，引导和鼓励社会资本参与治水，构建政府主导、企业和社会参与的多元化、多层次、多渠道的资金投入保障机制。

6.2.4.4　技术保障

通过与各大科研院校的合作，加大对水库清淤、轮疏机制、淤泥资源化利用以及生态修复技术等方面的科学研究，解决"一湖一策"实施过程中的重点和难点问题。同时，加强对水域岸线保护利用、排污口监测审核等方面的培训交流。以先进的技术保障治水工程，以先进的理念提升治水水平。

6.2.4.5　大众参与

鼓励全民参与，充分发挥广播、电视、网络、报刊等新闻媒体的舆论导向作用，加大对"湖长制"的宣传，让水资源、水环境保护的理念真正内化于心、外化于行。加大对先进典型的宣传与推广，引导广大群众自觉履行社会责任，努力形成全社会爱水、护水的良好氛围，从根本上保护好水环境。

慈溪市梅湖水库"一湖一策"实施方案重点项目汇总表见表6-3。

慈溪市梅湖水库"一湖一策"实施方案重点项目推进工作表见表6-4。

表6-3　　　慈溪市梅湖水库"一湖一策"实施方案重点项目汇总表

序号	分　类	项　目　数	投资/万元
一	**水资源保护**		
1	落实最严格水资源管理制度		
2	水功能区监督管理	1	
3	节水型社会创建		
4	饮用水水源保护	1	
二	**河湖水域岸线管理保护**		
5	河湖管理范围划界确权		
6	水域岸线保护		
7	标准化管理	1	
三	**水污染防治**		
8	工业污染治理		

续表

序号	分　类	项　目　数	投资/万元
9	城镇生活污染治理	1	
10	农业农村污染防治	1	
11	船舶港口污染控制	1	
四	**水环境治理**		
12	入河排污（水）口监管	1	
13	水系连通工程		
14	"清三河"巩固措施		
五	**水生态修复**		
15	河湖生态修复	1	
16	防洪和排涝工程建设		
17	河湖库塘清淤		
六	**执法监管**		
18	监管能力建设	1	
	合　计	9	

表 6-4　　慈溪市梅湖水库"一湖一策"实施方案重点项目推进工作表

分　类		县（市、区）	牵头单位	项目名称	项目内容	完成年限
一、水资源保护	（一）落实最严格水资源管理制度					
	（二）水功能区监督管理	慈溪市	慈溪市水利局	水质监测	水质监测	
	（三）节水型社会创建					
	（四）饮用水水源地保护	慈溪市	慈溪市环境保护局、生态环境办公室	加强突发环境事件预警及应急能力建设	编制《梅湖水库饮用水水源突发环境事件应急预案》，定期进行水质监测和预警监测	2018
二、水域岸线保护	（五）河湖管理范围划界确权					
	（六）水域岸线保护					
	（七）标准化管理	慈溪市	慈溪市水利局	水库标准化建设创建	水库标准化建设	2018

续表

分　类		县 （市、区）	牵头单位	项目名称	项目内容	完成年限
三、水污 染防治	（八）工业污染治理	慈溪市				
	（九）城镇生活污 染治理		"五水共治" 办	截污纳管工程	截污纳管	2020
	（十）农业农村污 染防治		横河镇	农业种植污 染源控制工程	对农业种植污染 源进行控制	
	（十一）船舶港口 污染控制		慈溪市交 通运输局	库区船只污 染防治工程	对库区运营的船 舶进行油改电改造， 减少油类污染	
四、水环 境治理	（十二）入河排污 （水）口监管		慈溪市 水利局	入湖入河污 口排查整治	对沿湖及上游河 道排污口进行排查、 建档及监管	2018
	（十三）水系连通 工程					
	（十四）"清三河" 巩固措施					
五、水生 态修复	（十五）生态河道 建设	慈溪市	慈溪市 水利局	综合整治与 生态修复工程	水体藻类治理与 生态养殖	2020
	（十六）防洪和排 涝工程建设					
	（十七）水土流失 治理					
六、执法 监管	（十八）监管能力 建设	慈溪市	慈溪市 水利局	水库水生态 灾害长期监测 平台和应急处 置工程	建立长期蓝藻水 华监测机制，并制 定应急处置预案及 措施	2020

第 7 章

平原河网小河道、小微水体"一片一策"
方案编制案例分析

本章以《浙江省绍兴市越城区东湖街道小微水体专项整治方案》为例进行分析。

7.1 整治范围

东湖街道范围内的池塘、排灌沟渠等小微水体。

7.2 界限划分

按各村、社区原行政区划的辖区范围为界线,包括已征区块、已征未用区域。

7.3 整治时间

各村、社区在规定日期前完成辖区内小微水体的调查摸底工作,上报街道农业公共服务中心;规定日期前完成上报小微水体的专项整治工作并落实长效保洁管理。

7.4 专项整治的主体

小微水体专项整治的责任主体为 37 个涉农社区,由村、社区组织实施并完

成小微水体专项整治工作，由各社区视情况落实物业保洁公司或安排人员开展日常保洁，落实好长效保洁及巡查机制。

7.5　整治标准和重点

1. 标准

年度内无黑臭、垃圾的池塘、沟渠及其他水面；水面无漂浮物、垃圾及阻水障碍物，塘坡、护岸 5m 内整洁，无垃圾和堆积物。

2. 重点

整治和落实长效保洁的重点为，沿河、沿路及居民居住区域的小微水体。

7.6　整治方式与要求

小微水体专项整治的方式分为清淤、填埋、清理三种。

（1）清淤。确需清淤的池塘、沟渠应上报街道农业公共服务中心，在街道农业公共服务中心核实后方可实行清淤。

（2）填埋。由各村、社区对丧失蓄水、排涝等功能的，1000m² 以下的并符合填埋条件的池塘、沟渠进行填埋，填埋时必须做好相应的排水措施，1000m² 以上的池塘原则上不得填埋。确需填埋的应经所在地村民代表同意后书面上报街道农业公共服务中心核实，并经街道城市管理服务中心批准后方可实行填埋。

（3）清理。由各村、社区对池塘、沟渠水面及塘坡、岸周边垃圾和堆积物进行集中清理，并做好长效保洁。

7.7　专项整治经费保障

小微水体专项整治的经费由村、社区负责支付，街道在年底以"以奖代补"的方式对此次专项整治一次性适当补助。

1. 池塘整治

（1）池塘清淤。采用淤泥挖掘外运方式的，街道补助 7 元/m³，外运费用 2km 内补助 6.5 元，超出 2km 增加补助 1.5 元/km，外运补助最长至 10km。采

用泥浆泵清淤堆放方式的，补助 30 元/m³，堆放场地补助 9 元/m³。

（2）池塘填埋。池塘填埋一次性补助标准为 5000 元/个（包括相关政策处理费用）。

（3）池塘清理。池塘面积在 1 亩以下（包括 1 亩）的，一次性补助清理经费 1000 元/个；池塘面积在 1 亩以上的，增加清理经费 1000 元。

2. 沟渠及其他水面

沟渠及其他水面由村、社区落实清理和日常保洁，清理和保洁费由承担。承包养殖的池塘，由村、社区落实养殖户做好水面和坡岸的日常保洁。

7.8 验收考评办法

（1）村、社区应提供池塘清淤、填埋、清理的相关台账，提供小微水体监管责任人名单，每月开展巡查情况登记台账，街道将落实人员，组织对各村、社区的专项整治工作进行验收、核实，对村、社区小微水体的保洁情况进行检查，年度汇总确定相关补助。

（2）分档考评。

1）被群众来电、来信等举报的，扣补助费 100 元/（次·点位）；未及时整改或整改不到位的，加扣补助费 200 元/（次·点位）。

2）被区级督查通报或新闻媒体曝光的，扣补助费 200 元/（次·点位）；未及时整改或整改不到位的，加扣补助费 300 元/（次·点位）。被市级通报或曝光的，扣补助费 500 元/（次·点位）；未及时整改或整改不到位的，加扣补助费 1000 元/（次·点位）。被省级及以上通报或曝光的，取消村、社区专项整治，以奖代补经费。出现上述情况之一的，街道主要领导约谈村、社区主要负责人。

7.9 考核运用

年度内的小微水体考核作为"五水共治"考核工作内容结果运用于年度街道对村、社区年度工作综合考评。

附录A 浙江省"一河（湖）一策"方案编制指南（试行）

1 总则

1.1 编制目的

根据省委办公厅、省政府办公厅《关于全面深化落实河长制进一步加强治水工作的若干意见》（浙委办发〔2017〕12号），进一步落实河长制工作，特制定《浙江省"一河（湖）一策"编制指南》（试行）。

1.2 适用范围

本指南适用于县级及以上级别的领导担任河长的河道（或湖泊），县级以下河道（或湖泊、小微水体）可参照执行。

1.3 编制主体

××河"一河（湖）一策"实施方案应由××河河长牵头组织联系部门和相关部门编制。

1.4 编制原则

因地制宜：各地在方案编制过程中要充分结合当地经济社会发展现状、河道现状及前期治理完成情况，治理项目、对策、措施要与当地实际情况相适应。

问题导向：对照河长制六大任务和河道存在的问题提出。

2 问题分析

2.1 水环境污染仍然较为严重

水质虽然总体较好，但仍有部分河段污染严重，如××河（湖），水质类别为×类，主要污染物是××。水功能区达标率不能满足要求，现状为××％，要求为××％。饮用水源地水质不能稳定达标，具体情况为××。

2.2 污染源仍需整治

沿河两岸仍有工矿企业污水直排入河或不达标排放，重点为××类型的企

业；农业面源污染面广量大（具体情况），农药使用等仍然超标，畜禽养殖污染较重，沿线×km内养殖场××家，污水粪便未经处理排放；沿线城镇生活污水虽然已经采用纳管处理，但还存在着雨污未分流、管道老化失修等问题；城镇污水处理厂规模不能满足要求，排放标准不高。

2.3　岸线管理与保护仍需加强

目前已划定管理范围的河道××km，划定管理范围和保护范围的水利工程××处，仍有××km河道未进行管理范围划界。水利工程标准化建设还需要加强。

2.4　水资源保护工作需进一步深入

××水功能区监督管理能力有待加强；××饮用水水源地存在着面源污染，水质有富营养化趋势；××河段生态需水满足程度不够，在干枯季节容易出现断流现象。

2.5　水生态修复工作需要重视

区域内部分区域存在着水土流失问题，如××河的××段水土流失严重；××河段淤积严重，淤积量大约为××万 m（根据实际情况表述）；××河段现状防洪能力不达标；××河段岸坡不稳定。

2.6　执法监管能力有待提升

河道管理范围内仍存在违法违章搭建，有××处违法建筑；仍存在非法排污、设障、捕捞、养殖、采砂、围垦、侵占水域岸线等现象，如××河道。河道巡查力度仍不够，执法能力有待增强，信息化建设水平有待提升。

3　总体目标

到 2017 年年底，全面剿灭劣Ⅴ类水体。到 2020 年，重要江河湖泊水功能区水质达标率提高到××％以上，地表水省控断面达到或优于Ⅲ类水质比例达到××％以上；县级及以上河道管理范围划界××km，完成重要水域岸线保护利用规划编制，区域内××％以上水利工程达到标准化管理，新增水域面积××km²；全面清除河湖库塘污泥，有效清除存量淤泥，建立轮疏工作机制，新增河湖岸边绿化××km，新增水土流失治理面积××km²；严厉打击侵占水域、非法采砂、乱弃渣土等违法行为，加大涉水违建拆除力度，实现省级、市级河道管理范围内基本无违建，县级河道管理范围内无新增违建，基本建成河湖健康保障体系和管理机制，实现河湖水域不萎缩、功能不衰减、生态不退化。

4 主要任务

4.1 水资源保护

4.1.1 水功能区监督管理

加强水功能区水质监测和水质达标考核，定期向政府和有关部门通报水功能区水质状况。发现重点污染物排放总量超过控制指标的，或者水功能区的水质未达标的，应及时报告政府采取治理措施，并向环保部门通报。

4.1.2 饮用水水源保护

推进区域内××河段等×个重要饮用水水源地达标建设，健全监测监控体系，建立安全保障机制，完善风险应对预案，同时采取水资源调度环境治理、生态修复等综合措施，达到饮用水水源地水量和水质要求。实施××等××处农村饮用水安全巩固提升工作，加强农村饮用水水源保护和水质检测能力建设。

4.1.3 河湖生态流量保障

完善水量调度方案，合理安排闸坝下泄水量和泄流时段，研究确定××河道控制断面生态流量，维持河湖基本生态用水需求，重点保障枯水期河道生态基流。生态用水短缺的地区（如××县）积极实施中水回用，增加河道生态流量。

4.2 河湖水域岸线管理保护

4.2.1 河湖管理范围划界工作

完成县级河道××河道××km河道的管理范围，××处涉河水利工程管理与保护范围划定工作，并设立界桩等标志，明确管理界线，严格涉河湖活动的社会管理。

4.2.2 水域岸线保护

开展××河道××km的岸线利用规划编制工作，科学划分岸线功能区，严格河湖生态空间管控。

4.2.3 标准化创建

加快推进河湖及水利工程标准化管理工作，完成河道沿线××个水利工程的标准化管理创建工作。

4.3 水污染防治

4.3.1 工业污染治理

（1）污染治理目标。

1）大力开展铅酸蓄电池、电镀、制革、印染、造纸、化工等六大行业的整治，提出防止水污染的治理措施，建立长效监管机制。

2）着力解决辖区内沿河两岸的酸洗、砂洗、氮肥、有色金属、废塑料、农副食品加工等行业的污染问题。

3）全面排查装备水平低、环保设施差的小型工业企业，标注污染隐患等级，引导转型升级，实施重点监控。

4）开展对水环境影响较大的低、小、散落后企业、加工点、作坊的专项整治。

5）切实做好危险废物和污泥处置监管，建立危险废物和污泥产生、运输、储存、处置全过程监管体系。

6）开展河湖库塘清淤（污）工程。

具体目标可表述为：×月×日前完成整治各类污染企业×家；×月×日前制定《××河工业污染防控应急方案》。

（2）集中治理工业集聚区水污染。对沿岸的各类工业集聚区开展专项污染治理。

1）集聚区内工业废水必须经预处理达到集中处理要求，方可进入污水集中处理设施。

2）新建、升级工业集聚区应同步规划、建设污水、垃圾和危险废物集中处理等污染治理设施。

3）2020年年底前，无法落实危险废物出路的工业集聚区应按要求建成危险废物集中处置设施，安装监控设备，实现集聚区危险废物的"自产自销"。

具体目标可表述为：×月×日前××园区内企业必须达到治理目标要求；×月×日前制定出台《××工业区危险废物处置管理规定》。

(3)实施重点水污染行业废水深度处理。对沿岸的重点水污染行业制订废水处理及排放规定,各厂制订"一厂一策",行业主管部门在深度排查的基础上建立管理台账,实施高密度检查,明确各项治理和防控措施落实到位,严管重罚,杜绝重污染行业废水未经处理或未达标排放河道。

具体目标可表述为:×月×日前出台《××企业重点水污染行业废水处理规定》。

4.3.2 城镇生活污染治理

制订实施沿岸城镇污水处理厂新改建、配套管网建设、污水泵站建设、污水处理厂提标改造、污水处理厂中水回用等设施建设和改造计划。积极推进雨污分流、全面封堵沿河违法排污口。积极创造条件,排污企业尽可能实现纳管。对未纳管直接排河的服务业、个体工商户,提出纳管或达标的整改计划。

(1)推进城镇污水处理厂新改建工作。

1)实施城镇污水处理设施建设与提标改造,以城镇一级 A 标准排放要求做好新建污水厂建设和老厂技术改造提升。

2)到 2020 年,县级以上城市建成区污水基本实现全收集、全处理、全达标。对照目标,按河道范围和年度目标分解任务,制订建成区污水收集、处理及出水水质目标,并建立和完善污水处理设施第三方运营机制。

3)做好进出水监管,有效提高城镇污水处理厂出厂水达标率。做好城镇排水与污水收集管网的日常养护工作,提高养护技术装备水平。

4)全面实施城镇污水排入排水管网许可制度,依法核发排水许可证,切实做好对排水户污水排放的监管。

5)工业企业等排水户应当按照国家和地方有关规定向城镇污水管网排放污水,并符合排水许可证要求,否则不得将污水排入城镇污水管网。具体目标可表述为:××市完成×个乡镇(街道)的污水零直排区建设;开展××个城市居住小区生活污水零直排整治。×月×日前完成污水处理厂建设×家,完成提升改造×家;×月×日前制订方案印发实施。

(2)做好配套管网建设。

1)开展污水收集管网特别是支线管网建设。

2)强化城中村、老旧城区和城乡结合部污水截流、纳管。

3）提高管网建设效率，推进现有雨污合流管网的分流改造；对在建或拟建城镇污水处理设施，要同步规划建设配套管网，严格做到配套管网长度与处理能力要求相适应。

具体目标可表述为：××年底，新增城镇污水管网××km以上。××镇级污水处理厂运行负荷率提高至××％以上。×月×日前完成污水收集管网×m，其中支线管网×m；×月×日前完成旧城区污水纳管 ×m²；×月×日前完成雨污合流管网分流改造×m。

（3）推进污泥处理处置。建立污泥的产生、运输、储存、处置全过程监管体系，污水处理设施产生的污泥应进行稳定化、无害化和资源化处理处置，禁止处理处置不达标的污泥进入耕地。非法污泥堆放点一律予以取缔。

具体目标可表述为：××年底前，建成××集中式污水处理厂和造纸、制革、印染等行业的污泥处置设施。×月×日前制定《××河道污泥处理处置工作方案》。

（4）加大河道两岸污染物入河管控措施。重点做好河道两岸地表100m范围内的保洁工作：

1）加强范围内生活垃圾、建筑垃圾、堆积物等的清运和清理。

2）对该范围内的无证堆场、废旧回收点进行清理整顿。

3）定期清理河道、水域水面垃圾、河道采砂尾堆、水体障碍物及沉淀垃圾。

4）加强船舶垃圾和废弃物的收集处理。

5）在发生突发性污染物如病死动物入河或发生病疫、重大水污染事件等，及时上报农业畜牧水产、卫生防疫和环保等主管部门。

6）受山洪、暴雨影响的地区，要在规定时间内及时组织专门力量清理河道中的垃圾、杂草、枯枝败叶、障碍物等，确保河道整洁。

具体目标可表述为：×月×日前制定《××河道保洁工作方案》。

4.3.3 农业农村污染防治

（1）防治畜禽养殖污染。

1）根据畜禽养殖区域和污染物排放总量"双控制"制度以及禁养区、限养区制度划定两岸周边区域畜禽养殖规模。

2）有计划、有步骤发展农牧紧密结合的生态养殖业，减少养殖业单位排放量。

3）切实做好畜禽养殖场废弃物综合利用、生态消纳，做好处理设施的运行监管。

4）以规模化养殖场（小区）为重点，对规模化养殖场进行标准化改造，对中等规模养殖场进行设施修复以及资源化利用技术再提升。

具体目标可表述为：×月×日前完成规模化养殖场标准化改造×家，完成中等规模养殖场技术提升×家。

（2）控制农业面源污染。

1）以发展现代生态循环农业和开展农业废弃物资源化利用为目标，切实提高农田的相关环保要求，减少农业种植面源污染。

2）加快测土配方施肥技术的推广应用，引导农民科学施肥，在政策上鼓励施用有机肥，减少农田化肥氮磷流失。

3）推广商品有机肥，逐年降低化肥使用量。

4）开展农作物病虫害绿色防控和统防统治，引导农民使用生物农药或高效、低毒、低残留农药，切实降低农药对土壤和水环境的影响。实现化学农药使用量零增长。

5）健全化肥、农药销售登记备案制度，建立农药废弃包装物和废弃农膜回收处理体系。

（3）防治水产养殖污染。

1）划定禁养区、限养区，严格控制水库、湖泊、滩涂和近岸小网箱养殖规模。

2）持续开展对甲鱼温室、开放型水域投饵性网箱、高密度牛蛙和黑鱼等养殖的整治。

3）出台政策措施，鼓励各地因地制宜发展池塘循环水、工业化循环水和稻鱼共生轮作等循环养殖模式。

（4）开展农村环境综合整治。

1）以治理农村生活污水、垃圾为重点，制订建制村环境整治计划，明确河岸周边环境整治阶段目标。

2）因地制宜选择经济实用、维护简便、循环利用的生活污水治理工艺，开展农村生活污水治理。按照农村生活污水治理村覆盖率达到 90％以上，农户受益率达到 70％以上的要求，提出治理目标。

3）实现农村生活垃圾户集、村收、镇运、县处理体系全覆盖，并建立完善相关制度和保障体系。

4.3.4　船舶港口污染控制

（1）所有机动船舶要按有关标准配备防污染设备。

（2）港口和码头等船舶集中停泊区域，要按有关规范配置船舶含油污水、垃圾的接收存储设施，建立健全含油污水、垃圾接收、转运和处理机制，做到含油污水、垃圾上岸处理。

（3）进一步规范建筑行业泥浆船舶运输工作，禁止运输船舶泥浆非法乱排。

4.4　水环境治理

4.4.1　入河排污（水）口监管

开展河道沿岸入河排污（水）口规范整治，统一标识，实行"身份证"管理，公开排放口名称、编号、汇入主要污染源、整治措施和时限、监督电话等，并将入河排放口日常监管列入基层河长履职巡查的重点内容。依法开展新建、改建或扩建入河排污（水）口设置审核，对依法依规设置的入河排污（水）口进行登记，并公布名单信息。

4.4.2　水系连通工程

按照"引得进、流得动、排得出"的要求，逐步恢复水体自然连通性，实施××河段等处的水系连通工程，打通"断头河"，实施引配水工程，引水线路为××，引水流量×× m^3/s，通过增加闸泵配套设施，整体推进区域干支流、大小微水体系统治理，增强水体流动性。

4.4.3　"清三河"巩固措施

巩固"清三河"成效，加强对已整治好河道的监管，如××河，每隔×个月开展复查和评估；推进"清三河"工作向小沟、小渠、小溪、小池塘等小微水体延伸，参照"清三河"标准开展全面整治，按月制订工作计划，以乡镇（社区）为主体，做到无盲区、全覆盖。

4.5　水生态修复

4.5.1　生态河道建设

××河段等开展生态河道建设，实施××河段绿道建设× ×km，景观绿带建设×× km，闸坝改造×处，堤防景观改造××处，××等有条件的河段积极创建以河湖或水利工程为依托的水利风景区。

4.5.2　水土流失治理

加强水土流失重点预防区域（如××区域）、重点治理区（如××区域）的水土流失预防监督和综合治理，提出封育治理、坡耕地治理、沟壑治理以及水土保持林种植等综合治理措施，其中，封育治理××、坡耕地治理××、沟壑治理××、水土保持林种植××；开展生态清洁型小流域建设，维护河湖源头生态环境，新增水体流失治理面积××km²。

4.5.3　河湖库塘清淤

完成河湖库塘清淤××万 m³，制定分年度清淤方案。重点做好劣Ⅴ类水体所在河段（如××河段）的清淤工作，鼓励选用生态环保的清淤方式；妥善处置河道淤泥，加强淤泥清理、排放、运输、处置的全过程管理；探索建立清淤轮疏长效机制，实现河湖库塘淤疏动态平衡。

4.6　执法监督

加强河湖管理范围内违法建筑查处，打击河湖管理范围内违法行为，坚决清理整治非法排污、设障、捕捞、养殖、采砂、围垦、侵占水域岸线等活动；建立河道日常监管巡查制度，利用无人机、人工巡查、建立监督平台等方式，实行河道动态监管。

5　保障措施

提出强化组织领导、强化督查考核、强化资金保障、强化技术保障、强化宣传教育等方面的保障措施。

组织保障：明确河道的河长和联系部门，河道流经区域范围内有关乡镇、村（社区）要设置河段长并确定联系部门。明确河长、下级河长以及牵头部门的具体职责，其他相关部门做好具体配合工作。

督查考核：由河长制办公室考核"一河（湖）一策"的工作实施情况。涉及县（区）、乡镇和村按行政辖区范围建立"部门明确、责任到人"的河长制工作体系，强化层级考核。河长制办公室定期召开协调会议，同时组织成员单位人员定期或不定期开展督查，及时通报工作进展情况。

资金保障：进一步强化各项涉水资金的统筹与整合，提高资金使用效率。加大向上对接争取力度，依托重大项目，从发改、水利、环保、建设、农业等线上争取资金。同时，多渠道筹措社会资金，引导和鼓励社会资本参与治水。

技术保障：加大对河道清淤、轮疏机制、淤泥资源化利用以及生态修复技术等方面的科学研究，解决"一河（湖）一策"实施过程中的重点和难点问题。同时，加强对水域岸线保护利用、排污口监测审核等方面的培训交流。

大众参与：充分发挥广播、电视、网络、报刊等新闻媒体的舆论导向作用，加大对河长制的宣传，让水资源、水环境保护的理念真正内化于心、外化于行。加大对先进典型的宣传与推广，引导广大群众自觉履行社会责任，努力形成全社会爱水、护水的良好氛围。

6 附表

（1）××河"一河（湖）一策"实施方案重点项目汇总表，见附表 A-1。

附表 A-1 ××河"一河（湖）一策"实施方案重点项目汇总表（示例）

序号	分 类	项 目 数	投资/万元
一	**水资源保护**		
1	节水型社会创建		
2	饮用水水源地保护		
二	**河湖水域岸线管理保护**		
3	河湖管理范围划界确权		
4	清理整治侵占水域岸线、非法采砂等		
三	**水污染防治**		
5	工业污染治理		
6	城镇生活污染治理		
7	农业农村污染防治		
8	船舶港口污染控制		
四	**水环境治理**		
9	入河排污（水）口监管		
10	水系连通工程		
11	"清三河"巩固措施		

续表

序号	分　类	项　目　数	投资/万元
五	**水生态修复**		
12	河湖生态修复		
13	防洪和排涝工程建设		
14	河湖库塘清淤		
六	**执法监管**		
15	监管能力建设		
合　计			

（2）××河"一河（湖）一策"实施方案重点项目推进工作表，见附表 A-2。

附表 A-2　××河"一河（湖）一策"实施方案重点项目推进工作表（示例）

分　类		序号	市	县（市、区）	牵头单位	项目名称	项目内容	完成年限	投资/万元	责任单位
一、水资源保护	（一）落实最严格水资源管理制度									
	（二）水功能区监督管理									
	（三）节水型社会创建									
	（四）饮用水水源地保护									
二、水域岸线管理保护	（五）河湖管理范围确权									
	（六）水域岸线保护									
	（七）标准化管理									
三、水污染防治	（八）工业污染治理									
	（九）城镇生活污染治理									
	（十）农业农村污染防治									
	（十一）船舶港口污染控制									

分　类		序号	市	县（市、区）	牵头单位	项目名称	项目内容	完成年限	投资/万元	责任单位
四、水环境治理	（十二）入河排污（水）口监管									
	（十三）水系连通工程									
	（十四）"清三河"行动									
五、水生态修复	（十五）生态河道建设									
	（十六）防洪和排涝工程建设									
	（十七）水土流失治理									
	（十八）河湖库塘清淤									
六、执法监管	（十九）监管能力建设									

附录 B 中华人民共和国水利部"一河（湖）一策" 方案编制指南（试行）

为深入贯彻落实中共中央办公厅、国务院办公厅印发的《关于全面推行河长制的意见》（以下简称《意见》），指导各地做好"一河一策""一湖一策"方案编制工作，特制定本指南。

一、一般规定

（一）适用范围

本指南适用于指导设省级、市级河长的河湖编制"一河（湖）一策"方案。只设县级、乡级河长的河湖，"一河（湖）一策"方案编制可予以简化。

（二）编制原则

坚持问题导向。围绕《意见》提出的六大任务，梳理河湖管理保护存在的突出问题，因河（湖）施策，因地制宜设定目标任务，提出针对性强、易于操作的措施，切实解决影响河湖健康的突出问题。

坚持统筹协调。目标任务要与相关规划、全面推行河长制工作方案相协调，妥善处理好水下与岸上、整体与局部、近期与远期、上下游、左右岸、干支流的目标任务关系，整体推进河湖管理保护。

坚持分步实施。以近期目标为重点，合理分解年度目标任务，区分轻重缓急，分步实施。对于群众反映强烈的突出问题，要优先安排解决。

坚持责任明晰。明确属地责任和部门分工，将目标、任务逐一落实到责任单位和责任人，做到可监测、可监督、可考核。

（三）编制对象

"一河一策"方案以整条河流或河段为单元编制，"一湖一策"原则上以整个湖泊为单元编制。支流"一河一策"方案要与干流方案衔接，河段"一河一策"方案要与整条河流方案衔接，入湖河流"一河一策"方案要与湖泊方案衔接。

（四）编制主体

"一河（湖）一策"方案由省、市、县级河长制办公室负责组织编制。最高层级河长为省级领导的河湖，由省级河长制办公室负责组织编制；最高层级河长为市级领导的河湖，由市级河长制办公室负责组织编制；最高层级河长为县级及以下领导的河湖，由县级河长制办公室负责组织编制。

其中，河长最高层级为乡级的河湖，可根据实际情况采取打捆、片区组合等方式编制。

"一河（湖）一策"方案可采取自上而下、自下而上、上下结合方式进行编制，上级河长确定的目标任务要分级分段分解至下级河长。

（五）编制基础

编制"一河（湖）一策"，在梳理现有相关涉水规划成果的基础上，要先行开展河湖水资源保护、水域岸线管理保护、水污染、水环境、水生态等基本情况调查，开展河湖健康评估，摸清河湖管理保护存在的主要问题及原因，以此作为确定河湖管理保护目标任务和措施的基础。

（六）方案内容

"一河（湖）一策"方案内容包括综合说明、现状分析与存在问题、管理保护目标、管理保护任务、管理保护措施、保障措施等。其中，要重点制订好问题清单、目标清单、任务清单、措施清单和责任清单，明确时间表和路线图。

问题清单。针对水资源、水域岸线、水污染、水环境和水生态等领域，梳理河湖管理保护存在的突出问题及其原因，提出问题清单。

目标清单。根据问题清单，结合河湖特点和功能定位，合理确定实施周期内可预期、可实现的河湖管理保护目标。任务清单。根据目标清单，因地制宜提出河湖管理保护的具体任务。

措施清单。根据目标任务清单，细化分阶段实施计划，明确时间节点，提出具有针对性、可操作性的河湖管理保护措施。责任清单。明晰责任分工，将目标任务落实到责任单位和责任人。

（七）方案审定

"一河（湖）一策"方案由河长制办公室报同级河长审定后实施。省级河长制办公室组织编制的"一河（湖）一策"方案应征求流域机构意见。对于市、县级河长制办公室组织编制的"一河（湖）一策"方案，若河湖涉及其他行政区的，应先报共同的上一级河长制办公室审核，统筹协调上下游、左右岸、干支流目标任务。

（八）实施周期

"一河（湖）一策"方案实施周期原则上为 2～3 年。河长最高层级为省级、市级的河湖，方案实施周期一般 3 年；河长最高层级为县级、乡级的河湖，方案实施周期一般 2 年。

二、方案框架

（一）综合说明

1. 编制依据

编制依据主要包括法律法规、政策文件、工作方案、相关规划、技术标准等。

2. 编制对象

编制对象要根据"一般规定"中所明确的要求，说明河湖名称、位置、范围等。其中：

以整条河流（湖泊）为编制对象的，应简要说明河流（湖泊）名称、地理位置、所属水系（或上级流域）、跨行政区域情况等。

以河段为编制对象的，应说明河段所在河流名称、地理位置、所属水系等内容，并明确河段的起止断面位置（可采用经纬度坐标、桩号等）。

编制范围包括入河（湖）支流部分河段的，需要说明该支流河段起止断面位置。

3. 编制主体

编制主体要根据"一般规定"中所明确的要求，确定方案编制的组织单位和承担单位。

4. 实施周期

实施周期要根据"一般规定"的有关要求明确方案的实施期限。

5. 河长组织体系

河长组织体系包括区域总河长、本级河湖河长和本级河长制办公室设置情况及主要职责等内容。

（二）管理保护现状与存在问题

1. 概况

概要说明本级河长负责河湖（河段）的自然特征、资源开发利用状况等，

重点说明河湖级别、地理位置、流域面积、长度（面积）、流经区域、水功能区划、河湖水质、涉河建筑物和设施等基本情况。

2. 管理保护现状

说明水资源、水域岸线、水环境、水生态等方面保护和开发利用现状，概述河湖管理保护体制机制、河湖管理主体、监管主体，日常巡查、占用水域岸线补偿、生态保护补偿、水政执法等制度建设和落实情况，河湖管理队伍、执法队伍能力建设情况等。对于河湖基础资料不足的，可根据方案编制工作需要适当进行补充调查。其中：

水资源保护利用现状。一般包括本地区最严格水资源管理制度落实情况，工业、农业、生活节水情况，河湖提供水源的高耗水项目情况，河湖取排水情况（取排水口数量、取排水口位置、取排水单位、取排水水量、供水对象等）、水功能区划及水域纳污容量、限制排污总量情况，入河湖排污口数量、入河湖排污口位置、入河湖排污单位、入河湖排污量情况，河湖水源涵养区和饮用水水源地数量、规模、保护区划情况等。

水域岸线管理保护现状。一般包括河湖管理范围划界情况，河湖生态空间划定情况，河湖水域岸线保护利用规划及分区管理情况，包括水工程在内的临河（湖）、跨河（湖）、穿河（湖）等涉河建筑物及设施情况，围网养殖、航运、采砂、水上运动、旅游开发等河湖水域岸线利用情况，违法侵占河道、围垦湖泊、非法采砂等乱占滥用河湖水域岸线情况等。

河湖污染源情况。一般包括河湖流域内工业、农业种植、畜禽养殖、居民聚集区污水处理设施等情况，水域内航运、水产养殖等情况，河湖水域岸线船舶港口情况等。

水环境现状。一般包括河湖水质、水量情况，河湖水功能区水质达标情况，河湖水源地水质达标情况，河湖黑臭水体及劣Ⅴ类水体分布与范围等；河湖水文站点、水质监测断面布设和水质、水量监测频次情况等。

水生态现状。一般包括河道生态基流情况，湖泊生态水位情况，河湖水体流通性情况，河湖水系连通性情况，河流流域内的水土保持情况，河湖水生生物多样性情况，河湖涉及的自然保护区、水源涵养区、江河源头区、生态敏感区的生态保护情况等。

3. 存在问题分析

针对水资源保护、水域岸线管理保护、水污染、水环境、水生态存在的主要问题，分析问题产生的主要原因，提出问题清单（附表 B-1）。参考问题清单如下：

水资源保护问题。一般包括本地区落实最严格水资源管理制度存在的问题，工业农业生活节水制度、节水设施建设滞后、用水效率低的问题，河湖水资源利用过度的问题，河湖水功能区尚未划定或者已划定但分区监管不严的问题，入河湖排污口监管不到位的问题，排污总量限制措施落实不严格的问题，饮水水源保护措施不到位的问题等。

水域岸线管理保护问题。一般包括河湖管理范围尚未划定或范围不明确的问题，河湖生态空间未划定、管控制度未建立的问题，河湖水域岸线保护利用规划未编制、功能分区不明确或分区管理不严格的问题，未经批准或不按批准方案建设临河（湖）、跨河（湖）、穿河（湖）等涉河建筑物及设施的问题，涉河建设项目审批不规范、监管不到位的问题，有砂石资源的河湖未编制采砂管理规划、采砂许可不规范、采砂监管粗放的问题，违法违规开展水上运动和旅游项目、违法养殖、侵占河道、围垦湖泊、非法采砂等乱占滥用河湖水域岸线的问题，河湖堤防结构残缺、堤顶堤坡表面破损杂乱的问题等。

水污染问题。一般包括工业废污水、畜禽养殖排泄物、生活污水直排偷排河湖的问题，农药、化肥等农业面源污染严重的问题，河湖水域岸线内畜禽养殖污染、水产养殖污染的问题，河湖水面污染性漂浮物的问题，航运污染、船舶港口污染的问题，入河湖排污口设置不合理的问题，电毒炸鱼的问题等。

水环境问题。一般包括河湖水功能区、水源保护区水质保护粗放、水质不达标的问题，水源地保护区内存在违法建筑物和排污口的问题，工业垃圾、生产废料、生活垃圾等堆放河湖水域岸线的问题，河湖黑臭水体及劣 V 类水体的问题等。

水生态问题。一般包括河道生态基流不足、湖泊生态水位不达标的问题，河湖淤积萎缩的问题，河湖水系不连通、水体流通性差、富营养化的问题，河湖流域内水土流失问题，围湖造田、围河湖养殖的问题，河湖水生生物单一或生境破坏的问题，河湖涉及的自然保护区、水源涵养区、江河源头区、生态敏感区生态保护粗放、生态恶化的问题等。

执法监管问题。一般包括河湖管理保护执法队伍人员少、经费不足、装备差、力量弱的问题，区域内部门联合执法机制未形成的问题，执法手段软化、执法效力不强的问题，河湖日常巡查制度不健全、不落实的问题，涉河涉湖违法违规行为查处打击力度不够、震慑效果不明显的问题等。

（三）管理保护目标

针对河湖存在的主要问题，依据国家相关规划，结合本地实际和可能达到的预期效果，合理提出"一河（湖）一策"方案实施周期内河湖管理保护的总体目标和年度目标清单（附表 B-2）。各地可选择、细化、调整下述供参考的总体目标清单。同时，本级河长负责的河湖（河段）管理保护目标要分解至下一级河长负责的河段（湖片），并制订目标任务分解表（附表 B-3）。

水资源保护目标。一般包括河湖取水总量控制、饮用水水源地水质、水功能区监管和限制排污总量控制、提高用水效率、节水技术应用等指标。

水域岸线管理保护目标。通常有河湖管理范围划定、河湖生态空间划定、水域岸线分区管理、河湖水域岸线内清障等指标。

水污染防治目标。一般包括入河湖污染物总量控制、河湖污染物减排、入河湖排污口整治与监管、面源与内源污染控制等指标。

水环境治理目标。一般包括主要控制断面水质、水功能区水质、黑臭水体治理、废污水收集处理、沿岸垃圾废料处理等指标，有条件地区可增加亲水生态岸线建设、农村水环境治理等指标。

水生态修复目标。一般包括河湖连通性、主要控制断面生态基流、重要生态区域（源头区、水源涵养区、生态敏感区）保护、重要水生生境保护、重点水土流失区监督整治等指标。有条件地区可增加河湖清淤疏浚、建立生态补偿机制、水生生物资源养护等指标。

（四）管理保护任务

针对河湖管理保护存在的主要问题和实施周期内的管理保护目标，因地制宜提出"一河（湖）一策"方案的管理保护任务，制订任务清单（附表 B-4）。管理保护任务既不要无限扩大，也不能有所偏废，要因地制宜、统筹兼顾，突出解决重点问题、焦点问题。参考任务清单如下：

水资源保护任务。落实最严格水资源管理制度，加强节约用水宣传，推广应用节水技术，加强河湖取用水总量与效率控制，加强水功能区监督管理，全面划定水功能区，明确水域纳污能力和限制排污总量，加强入河湖排污口监管，严格入河湖排污总量控制等。

水域岸线管理保护任务。划定河湖管理范围和生态空间，开展河湖岸线分区管理保护和节约集约利用，建立健全河湖岸线管控制度，对突出问题排查清理与专项整治等。水污染防治任务。开展入河湖污染源排查与治理，优化调整入河湖排污口布局，开展入河排污口规范化建设，综合防治面源与内源污染，加强入河湖排污口监测监控，开展水污染防治成效考核等。

水环境治理任务。推进饮用水水源地达标建设，清理整治饮用水水源保护区内违法建筑和排污口，治理城市河湖黑臭水体，推动农村水环境综合治理等。

水生态修复任务。开展城市河湖清淤疏浚，提高河湖水系连通性；实施退渔还湖、退田还湖还湿；开展水源涵养区和生态敏感区保护，保护水生生物生境；加强水土流失预防和治理，开展生态清洁型小流域治理，探索生态保护补偿机制等。

执法监管任务。建立健全部门联合执法机制，落实执法责任主体，加强执法队伍与装备建设，开展日常巡查和动态监管，打击涉河涉湖违法行为等。

（五）管理保护措施

根据河湖管理保护目标任务，提出具有针对性、可操作性的具体措施，明确各项措施的牵头单位和配合部门，落实管理保护责任，制订措施清单和责任清单（附表 B-5）。

参考措施清单如下：

水资源保护措施。加强规模以上取水口取水量监测监控监管；加强水资源费（税）征收，强化用水激励与约束机制，实行总量控制与定额管理；推广农业、工业和城乡节水技术，推广节水设施器具应用，有条件地区可开展用水工艺流程节水改造升级、工业废水处理回用技术应用、供水管网更新改造等。已划定水功能区的河湖，落实入河（湖）污染物削减措施，加强排污口设置论证审批管理，强化排污口水质和污染物入河湖监测等；未划定水功能区的河湖，初步确定河湖河段功能定位、纳污总量、排污总量、水质水量监测、排污口监测等内容，明确保护、监管和控制措施等。

水域岸线管理保护措施。已划定河湖管理范围的，严格实行分区管理，落实监管责任；尚未编制水域岸线利用管理规划的河湖，也要按照保护区、保留区、控制利用区和开发利用区分区要求加强管控。加大侵占河道、围垦湖泊、违规临河跨河穿河建筑物和设施、违规水上运动和旅游项目的整治清退力度，加强涉河建设项目审批管理，加大乱占滥用河湖岸线行为的处罚力度；加强河湖采砂监管，严厉打击非法采砂活动。

水污染防治措施。加强入河湖排污口监测和整治，加大直排偷排行为处罚力度，督促工业企业全面实现废污水处理，有条件地区可开展河湖沿岸工业、生活污水的截污纳管系统建设、改造和污水集中处理，开展河湖污泥清理等。大力发展绿色产业，积极推广生态农业、有机农业、生态养殖，减少面源和内源污染，有条件地区可开展畜禽养殖废污水、沿河湖村镇污水集中处理等。

水环境治理措施。清理整治水源地保护区内排污口、污染源和违法违规建筑物，设置饮用水水源地隔离防护设施、警示牌和标识牌；全面实现城市工业生活垃圾集中处理，推进城市雨污分流和污水集中处理，促进城市黑臭水体治理；推动政府购买服务，委托河湖保洁任务，强化水域岸线环境卫生管理，积极吸引社会力量广泛参与河湖水环境保护；加强农村卫生意识宣传，转变生产生活习惯，完善农村生活垃圾集中处理措施等。有条件的地区可建立水环境风险评估及预警预报机制。

水生态修复措施。针对河湖生态基流、生态水位不足，加强水量调度，逐步改善河湖生态；发挥城市经济功能，积极利用社会资本，实施城市河湖清淤疏浚，实现河湖水系连通，改善水生态；加强水生生物资源养护，改善水生生境，提升河湖水生生物多样性；有条件地区可开展农村河湖清淤，解决河湖自然淤积堵塞问题；加强水土流失监测预防，推进河湖流域内水土流失治理；落实河湖涉及的自然保护区、水源涵养区、江河源头区、生态敏感区的禁止开发利用管控措施等。

（六）保障措施

1. 组织保障

各级河长负责方案实施的组织领导，河长制办公室负责具体组织、协调、分办、督办等工作。要明确各项任务和措施实施的具体责任单位和责任人，落实监督主体和责任人。

2. 制度保障

建立健全推行河长制各项制度，主要包括河长会议制度、信息共享制度、信息报送制度、工作督察制度、考核问责和激励制度、验收制度等。

3. 经费保障

根据方案实施的主要任务和措施，估算经费需求，说明资金筹措渠道。加大财政资金投入力度，积极吸引社会资本参与河湖水污染防治、水环境治理、水生态修复等任务，建立长效、稳定的经费保障机制。

4. 队伍保障

健全河湖管理保护机构，加强河湖管护队伍能力建设。推动政府购买社会服务，吸引社会力量参与河湖管理保护工作，鼓励设立企业河长、民间河长、河长监督员、河道志愿者、巾帼护水岗等。

5. 机制保障

结合全面推行河长制的需要，从提升河湖管理保护效率、落实方案实施各项要求等方面出发，加强河湖管理保护的沟通协调机制、综合执法机制、督察督导机制、考核问责机制、激励机制等机制建设。

6. 监督保障

加强同级党委政府督察督导、人大政协监督、上级河长对下级河长的指导监督；运用现代化信息技术手段，拓展、畅通监督渠道，主动接受社会监督，提升监督管理效率。

附表 B-1　　　　　　××河湖(河段)管理保护问题清单

河长：　　　　　　(姓名/职务)

问 题 类 别	主要问题	成因简析	所在位置	备　　注
水资源保护				
河湖水域岸线管理保护				
水污染防治				
水环境治理				
水生态修复				
执法监管				

注　1. "成因简析"指针对各类问题简要说明导致问题出现的主要原因。
　　2. "所在位置"指说明出现问题的具体位置。

附录 B－2　　　　　××河湖（河段）全面推行河长制目标清单

河长：　　　　　　（姓名/职务）

目标类别	总体目标			阶段目标			责任部门	备注
	主要指标	指标值		第一年度	第二年度	第三年度		
		现状	预期					
水资源保护								
河湖水域岸线管理保护								
水污染防治								
水环境治理								
水生态修复								
执法监管								

注　1. "主要指标"指根据河湖特点和本地实际，参考正文提供的指标项目自行选择、细化、调整主要指标。

　　2. "指标题"可以定量确定或定性说明，"现状"指标值指当前的程度，"预期"指标值指实施周期末拟达到的程度。

　　3. "阶段目标"可按照方案明确的实施周期进行填写，将"预期"指标值分解到各年度。

　　4. "责任部门"指负责牵头完成该项目标的相关部门，可以是一个部门，也可以是多个部门。

附表 B－3　　　　　××河湖（河段）全面推行河长制目标分解表

下一级河长负责的河段名称	目标类别	河段总体目标			河段阶段目标			河长（姓名/职名）	备注
		主要指标	指标值		第一年度	第二年度	第三年度		
			现状	预期					
	水资源保护								
	河湖水域岸线管理保护								
	水污染防治								
	水环境治理								
	水生态修复								
	执法监管								

附表 B-4　　　　××河湖(河段)全面推行河长制任务清单

任务类别	总任务	阶段目标					具体任务			责任部门	备注
		指标项	指标值				第一年	第二年	第三年		
			第一年	第二年	第三年						
水资源保护											
河湖水域岸线管理保护											
水污染防治											
水环境治理											
水生态修复											
执法监管											

注　1."总任务"指实现实施周期内的总目标而需要完成的主要任务,"具体务任"各年度需要完成的具体任务内容。
　　2."阶段目标"指具体任务与分阶段目标对应。

附录 B-5　××河湖(河段)全面推行河长制措施及责任清单(第×年度)

河长：　　　　(姓名/职务)

措施类别	措施内容	责任分工						备注
		牵头部门		配合部门		监督部门		
		部门名称	责任事项	部门名称	责任事项	监督部门	监督事项	
水资源保护								
河湖水域岸线管理保护								
水污染防治								
水环境治理								
水生态修复								
执法监管								

参 考 文 献

［1］ 中共中央办公厅，国务院办公厅．关于全面推行河长制的意见（厅字〔2016〕42 号）
［R］．2016.

［2］ 中共中央办公厅，国务院办公厅．关于在湖泊实施湖长制的指导意见（厅字〔2017〕51
号）［R］．2017.

［3］ 中华人民共和国水利部，生态环境部．贯彻落实《关于全面推行河长制的意见》实施方案
（水建管函〔2016〕449 号）［R］．2016.

［4］ 中华人民共和国水利部．"一河（湖）一策"方案编制指南（试行）（办建管函〔2017〕
1071 号）［R］．2017.

［5］ 中华人民共和国水利部．"一河（湖）一档"建立指南（试行）（办建管函〔2018〕360
号）［R］．2018.

［6］ 中共浙江省委办公厅，浙江省人民政府办公厅．关于进一步深化河长制工作的通知（浙
委办传〔2016〕44 号）［R］．2016.

［7］ 中共浙江省省委办公厅、浙江省人民政府办公厅．《关于全面深化落实河长制进一步加强
治水工作的若干意见》（浙委办发〔2017〕12 号）［R］．2017.

［8］ 关于印发《浙江省全面深化河长制工作方案（2017—2020 年）》的通知（浙治水办发
〔2017〕39 号）［R］．2017.

［9］ 全武刚．浙江从"一河（湖）一策"到"一点一策"，把河长制落到实处［OL］．〔2017-
6-20〕http：//huanbao.bjx.com.cn/news/20170620/832249-2.shtml.

［10］ 浙江省治水办．浙江省垃圾河、黑臭河清理验收标准（浙治水办发〔2014〕5 号）
［R］．2014.

［11］ 浙江省治水办．浙江省垃圾河、黑臭河验收管理技术规程（浙治水发〔2014〕11 号）
［R］．2014.

［12］ 李原园，沈福新，罗鹏，等．"一河（湖）一档"建立与"一河（湖）一策"制定有关技
术问题［J］．中国水利，2018（12）：3—7.